湖南种植结构调整暨产业扶贫实用技术丛书

中药材
栽培技术

zhongyaocai
zaipeijishu

主　　编：朱校奇　　周佳民
副 主 编：宋　荣　　巩养仓
编写人员：朱校奇　　宋　荣　　周佳民　　巩养仓
　　　　　徐　瑞　　黄艳宁　　彭斯文　　谢　进
　　　　　曹　亮

湖南科学技术出版社

《湖南种植结构调整暨产业扶贫实用技术丛书》
编写委员会

序言
Preface

重农固本是安民之基、治国之要。党的"十八大"以来，习近平总书记坚持把解决好"三农"问题作为全党工作的重中之重，不断推进"三农"工作理论创新、实践创新、制度创新，推动农业农村发展取得历史性成就。当前是全面建成小康社会的决胜期，是大力实施乡村振兴战略的爬坡阶段，是脱贫攻坚进入决战决胜的关键时期，如何通过推进种植结构调整和产业扶贫来实现农业更强、农村更美、农民更富，是摆在我们面前的重大课题。

湖南是农业大省，农作物常年播种面积 1.32 亿亩，水稻、油菜、柑橘、茶叶等产量位居全国前列。随着全省农业结构调整、污染耕地修复治理和产业扶贫工作的深入推进，部分耕地退出水稻生产，发展技术优、效益好、可持续的特色农业产业成为当务之急。但在实际生产中，由于部分农户对替代作物生产不甚了解，跟风种植、措施不当、效益不高等现象时有发生，有些模式难以达到预期效益，甚至出现亏损，影响了种植结构调整和产业扶贫的成效。

2014 年以来，在财政部、农业农村部等相关部委支持下，湖南省在长株潭地区实施种植结构调整试点。省委、省政府高度重视，高位部署，强力推动；地方各级政府高度负责、因地制宜、分类施策；有关专家广泛开展科学试验、分析总结、示范推广；新型农业经营主体和广大农民积极参与、密切配合、全力落实。在各级农业农村部门和新型农业经营主体的共同努力下，湖南省种植结构调整和产业扶贫工作取得了阶段性成效，集成了一批技术较为成熟、效益比较明显的产业发展模式，涌现了一批带动能力强、示范效果好的扶贫典型。

为系统总结成功模式，宣传推广典型经验，湖南省农业农村厅种植业管理处组织有关专家编撰了《湖南种植结构调整暨产业扶贫实用技术丛书》。丛书共 12 册，分别是《常绿果树栽培技术》《落叶果树栽培技术》《园林花卉栽培技术》《棉花轻简化栽培技术》《茶叶优质高效生产技术》《稻渔综合种养技术》《饲草生产与利用技术》《中药材栽培技术》《蔬菜高效生产技术》《西瓜甜瓜栽培技术》《麻类作物栽培利用新技术》《栽桑养蚕新技术》，每册配有关键技术挂图。丛书凝练了我省种植结构调整和产业扶贫的最新成果，具有较强的针对性、指导性和可操作性，希望全省农业农村系统干部、新型农业经营主体和广大农民朋友认真钻研、学习借鉴、从中获益，在优化种植结构调整、保障农产品质量安全，推进产业扶贫、实现乡村振兴中做出更大贡献。

丛书编委会

2020 年 1 月

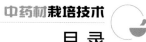

第一章
百合

第二章
玉竹

3 第三章
黄精

第四章
白及

5

第五章
白术

6

第六章
葛

第七章

白芷

8 第八章
栝楼

11 第十一章
山银花

12

第十二章
栀子

第十三章
铁皮石斛

第一章
百合

周佳民

第一节　植物简介

一、基源植物及主要栽培品种

百合是单子叶植物亚纲百合科（Liliaceae）百合属（*Lilium*）的多年生草本植物，别名有摩罗、山丹、蒜脑薯、夜合、强瞿等。《中华人民共和国药典（2015 版）》规定，中药百合为百合科植物卷丹（*Lilium lancifolium* Thunb.）、百合（*Lilium brownie* F.E.Brown var. *viridulum* Baker）或细叶百合（*Lilium pumilum* DC.）的干燥肉质鳞片；百合味甘、性微寒，归心、肺经。按应用目的和用途可将百合分为观赏百合、食用百合和药用百合三大类，其中，有部分是兼用型，如药食兼用、药用观赏兼用型等。

百合栽培品种是野生百合经多年驯化、品种筛选及人工栽培的安全无毒的百合品种，近几年，湖南省百合栽培品种主要有卷丹百合、百合、条叶百合、湖北百合、兰州百合等。

1.卷丹百合

卷丹百合 (*Lilium lancifolium* Thunb.)（图 1-1），又名倒垂莲、虎皮百合、珍珠花。因花色火红，花瓣反卷，故名"卷丹"。株高 70~100 厘米，间有高达 1.5 米的；球茎肥大，色白，稍带苦味。茎秆上着生茸毛。叶互生，

狭披针形，无柄。叶腋间生有可繁殖的珠芽。总状花序，花瓣较长，向外翻卷，花瓣上有紫黑色斑点。

图1-1 卷丹百合植株

2.百合

百合，又称龙牙百合（*Lilium brownie* F.E.Brown var. *viridulum* Baker），系野百合变种，也称"湖南百合"，鳞茎近球形，横茎2~4.5厘米，白色。鳞片长8~10厘米，宽2厘米以上，鳞片狭长而肥厚，色如象牙，形如龙爪，故称"龙牙百合"（图1-2）。味微甜。茎绿色平滑无茸毛，叶片大，着生较稀，平滑，披针形，茎基部分能产生小鳞茎，花期5~6月，花色先呈蜡白色，后变粉红色，花形似喇叭。

图1-2 龙牙百合鳞茎

3. 川百合

川百合（*Lilium davidii* Duchartre）又称细叶百合（图1-3），叶多数，散生，在中部较密集，条形。茎上部叶腋无珠芽。花单生或2~8朵排成总状花序；花为喇叭形或钟形，下垂，花被片反卷，橙黄色，有紫黑色斑点，蜜腺两边有乳头状突起，外面有少数流苏状的乳突。花丝无毛，花粉深橘红色，花柱长为子房的2倍以上。

图1-3　川百合植株

4. 麝香百合

麝香百合（*Lilium longiflorum*），又名铁炮百合、喇叭百合。株高40~120厘米，甚至更高。球根卵形淡黄色，个大，直径6~9厘米。茎秆绿色无斑点，基部呈现红色，叶披针形。花色蜡白，基部带绿色，形如喇叭，花筒外形似炮筒，故又有铁炮百合之称。麝香百合花朵含有芳香油类，可用作香料，具有极高的观赏价值和经济价值，是重要的切花百合。

5. 兰州百合

兰州百合（*Lilium davidii* var.unicolor）是百合科（Liliaceae）百合属（*Lilium*）川百合的变种，也叫菜百合、甜百合，为多年生鳞茎草本植物。鳞茎白色，球形或扁球形，鳞片扁平，肥厚宽大，洁白如玉，味甜；茎无茸毛，绿色；叶互生，带形，无柄，绿色，叶腋不生珠芽，总状花序，花被大红色，7月初开花，花具香味。生长期较长，耐干旱，适宜于高寒山区种植。繁种需要 3 年；分布于甘肃、陕西、四川、云南等海拔 850~3200 米处，主产于甘肃兰州。

6. 宜兴百合

宜兴百合 [*Lilium lancifolium* Thunb. (*Lilium.tigrinum* ker.-*Gawl.*)]，也称药百合、苦百合、太湖百合，系卷丹变种。鳞茎扁圆形、肥大、色白或微黄，鳞片近三角形、宽厚、稍有苦味。株高 120 厘米左右，叶深绿色，长圆披针形，有蜡质层，无柄。叶腋间有紫黑色珠芽 (气生鳞茎)。花 3~20 朵，下垂，橙红色，内有紫色斑点，形似虎皮，因此，也称"虎皮百合"。花被尖端向外强烈反卷，雄蕊四面张开，花药紫色。我国分布较广，原产太湖一带的湖州和宜兴，主产于江苏宜兴、浙江湖州、安徽、湖南和广西等地。

7. 细叶百合

细叶百合（*Lilium pumilum* DC.）又名山丹。鳞茎卵状球形，叶细窄呈狭披针形。花顶生，橘白色；花期 5~7 月。细叶百合资源主要分布在四川、重庆、贵州、湖南、宁夏、甘肃等省区，四川、重庆等地有少量栽培。

二、特征特性

百合为多年生草本宿根植物，每年冬季地上部分枯死，以鳞茎在土中越冬，鳞茎耐寒性强。根为须根，根毛少，着生在鳞茎盘下的根较肥大，称为肉质根，也称下盘根，出苗后，鳞茎盘上着生纤维状根，称为"罩根"，又称上盘根。

百合鳞茎呈扁圆球或圆球形，由许多肉质鳞片呈螺旋状排列，层层抱合在鳞茎盘上所组成，鳞片白色或微黄，扁平肥厚或呈匙形，为主要的产品部分。

植株基部除产生大鳞茎外，有的品种在地上茎基部入土部分产生小鳞茎。有的品种在地上茎的叶腋间产生气生鳞茎（也称珠芽），小鳞茎和珠芽都可用于繁殖。

百合是生长期较长的作物，从 8 月下旬开始播种到次年 8 月中旬收获，为期一年。百合按生长发育特性，大致划分为播种越冬期、幼苗期、珠芽期、开花期、成熟收获期等5个生育期。

三、区域分布

百合在全球主要分布在亚洲、欧洲和北美洲，中国是百合主要原产地之一，种类丰富且特有种多，百合对地域的适应性较广，我国南北各地都可地种或盆栽。百合野生资源的自然分布多在海拔1000~2300米之间的阴坡、半阴半阳山坡、林缘、林下、岩缝及草甸中。

近几年，百合在湖南省种植面积迅速扩大，主要产于湖南邵阳、湘西自治州、永州等地。

第二节　产业现状

一、产业规模

中国是种植百合面积最大的国家，主要是食用百合和药食兼用型百合，百合主要产区为甘肃、湖南、江西、安徽、湖北等地，主要品种为兰州百合、龙牙百合、卷丹百合。

据全国中药材资源普查统计，百合的野生蕴藏量为2000万千克左右。随着工农业和旅游业的发展，由于缺少保护，造成盲目采挖，百合资源正在逐年减少，很多品种濒临灭绝。目前，全国种植面积在4万公顷左右，年产鲜品50万吨。其中，湖南省接近1.5万公顷，如龙山县0.6万公顷、隆回县0.3万公顷、东安县0.2万公顷和零陵区、邵阳县、新化县等地各0.1万公顷。

百合的种植、加工、销售已形成了一定的规模效应和规模经济，湖南龙山县建起了拥有200多个门面的百合城，已成为我国较大的百合产品集散地和交易市场，拥有洗洛百合精粉厂、老爹特产有限公司等从事百合生产及加

工企业，百合产业已成为该县支柱产业之一。

二、产业发展面临的主要问题

1. 种源退化严重、品种更新慢

虽然我国百合种质资源丰富，但百合育种工作非常薄弱。百合生产上一直沿用自选自留的混杂品种，商品化优良品种很少。百合在长期的无性繁殖过程中，以百合鲜球为种源是百合生产种苗的常用方式，造成了种质资源混杂、品种退化，影响百合产业的可持续发展。

2. 连作障碍严重、产品品质下降

湖南省的百合种植区域相对集中，致使百合连作时间过长、连作障碍问题日益突出、百合抗逆性下降、病虫害危害逐年加重。农户在病虫害防治方面，大量使用化学农药，产品污染问题非常突出，也给土壤、水质资源带来了污染，严重影响了百合产业可持续发展。

3. 生产技术落后，种植风险加大

百合种植历史悠久，但是大多种植户仍然沿用传统的种植模式，主要以家庭为单位进行小规模生产，种植技术落后，田间管理、成品采挖等工序繁重、劳动强度大，而种植过程机械化程度低，严重阻碍了百合产业的进一步发展。

4. 百合加工技术滞后、产品竞争力弱

百合属小众作物，资金投入少，精深加工不足。湖南省的百合加工企业规模小、大部分为作坊式企业，加工技术含量低，产品主要是真空包装鲜百合为主，以百合干、百合粉、百合醋等为辅的初级加工产品，产品附加值低；缺乏必要的工艺及产品标准，产业未形成规模效应。

5. 百合研发投入不足，产业化水平低

百合产业研发上投入很少，科研人才缺乏，科研及推广经费严重不足；同时，企业、农户与科研机构合作协商机制不健全，没有完全形成利益共同体，抗风险及带动能力弱，百合新品种、新技术、新产品研发不够，科研产出少，制约着百合生产的发展。

三、产业可持续发展对策

1. 政府加强政策扶持、引导产业持续发展

各级政府应积极例行政府的宏观指导、监管及服务作用。一是职能部门要组织相关专家对省内外百合产业发展趋势进行调研，制定百合产业的中长期发展规划；二是为加大财税政策支持力度，引导、带动多方面资金和社会资金投向百合产业，百合农业支柱产业提供一定的资金保障，扶持百合产业的发展。

2. 探索利益联结机制、加大科研开发的力度

加强百合产业企业与科研院所合作，共同研究百合生产过程的技术难题。依托湖南省农业科学院等科研机构，加大科研开发投入的力度，产学研紧密结合，加大百合种植加工等环节的研发和推广力度，延长产业链条，攻克制约百合产业的重要难题，为百合产业可持续发展提供科技支撑。

3. 实行规模化经营、提高企业抗风险能力

应以市场为导向，将松散的个体种植、加工户进行联合，实行强强联合，引导和培育优秀百合龙头企业，建立具有一定规模的百合产业集团，走集团化经营之路，具有相对垄断优势，实现规模化、产业化经营，形成利益共享，风险共担的经营机制，提高百合企业的市场抗风险能力。

4. 强化品牌效应、拓展销售渠道

强化品牌保护措施，加强对百合品牌宣传、产品质量监管，提高湖南百合的市场竞争力和影响力，进一步提高湖南百合的知名度，推动产业发展。建立健全百合市场销售网络平台，进一步开拓市场，完善销售体系，减少中间环节，提高经济效益。

第三节　高效栽培技术

一、产地环境

百合适应性广，喜土层深厚、排水良好、肥沃、富含腐殖质的沙质壤土或壤土，忌黏土，宜于酸性至微酸性土壤，稍耐碱性或石灰岩土。低洼地、土壤质地黏重田块、土壤有不透水层的地块不适宜种植百合。对土壤肥力差或基肥不足的田块，在百合幼苗出土前可补施一些速效性肥料。忌连作，宜与豆科或禾本科作物轮作。

百合喜温暖气候，稍冷凉的气候也能生长。耐寒力较强，耐热力较差，一般生长温度在 10~30℃，最适生长温度为 15~25℃。温度低于 10℃，百合生长缓慢，甚至停滞。

百合属于长日照植物，喜欢半阴半阳的环境，若光照适度，百合植株生长健壮，则花茎粗壮，叶片肥厚，药材质量较好。

二、种苗繁育

百合种苗生产主要是以无性繁殖为主，一般采用鳞片扦插法，其他如小球茎繁殖、珠芽繁殖、根基繁殖、种芯繁殖、组织培养和种子繁殖等方法，种植者可根据自己的实际情况进行选择。

鳞片繁殖法是百合无性繁殖中最常用的、繁殖系数最高的方法。在适宜的阳光、温度、肥料等条件下，60~70 天就能长成直径 1.2~1.5 厘米的小仔球，再移植大田培育 2 年，就能得到商品生产用种。鳞片扦插法分为室外苗床扦插法、鳞片气培法和鳞片室内沙培法三种。

珠芽培育法适用于产生珠芽的品种，如卷丹品种、宜兴百合等，每株可产生珠芽 40~50 粒以上。珠芽培育种用球茎，生长缓慢，在田间的时间长，培育过程中无收益，因此，生产上多不采用此法，只有引种和大量发展生产中遇到种用球茎缺乏时采用。

三、栽培技术

1.深耕整地

百合是地下鳞茎作物,故百合种植地需要翻耕较深(翻耕深度要求在25厘米以上)。

2.土壤处理

一般撒生石灰50千克/亩(1亩≈667米^2)左右,以防蚂蚁、蛆等为害;也可在播种前用必速灭熏蒸土壤,用药10~15克/米^2,均匀混入土壤深层10~20厘米,拌均匀,洒水保湿(土壤相对湿度40%左右),立即覆盖地膜3~4天,揭膜后锄松土层,过2天后即可播种。

3.重施有机基肥

百合的生育期较长,需肥量较多;下种前重施基肥。一般深耕整地结合施用基肥,基肥主要是充分腐熟的猪、牛栏粪、草木灰、枯饼等,施经堆沤腐熟的猪、牛栏粪2000~2500千克/亩和草木灰500~1000千克/亩,均匀深翻入土。

4.作畦

旱地畦宽以133厘米左右为宜,水田畦宽以100~120厘米为宜,沟宽33厘米,深25~30厘米,畦长可随地形而定,但过长的畦应加开腰沟,腰沟宽40~50厘米,深30厘米左右,围沟宽45~50厘米,深33厘米左右。各沟的宽、深度要以田的类型和位置而灵活掌握,一定要做到排水通畅,雨停水无,大雨天不发生内涝。

5.精选种球

百合收获后开始选种球,将有斑点、霉点和虫伤以及鳞片污黑、底盘干腐无根系的球茎剔除,选择鳞片厚、色洁白、抱合紧、无腐烂、无病斑、无损伤、色泽洁白和底盘完好的鳞茎作为繁殖用种球。

6.种球处理

百合收获时,种球不宜立即栽植,必须经过晾种,即在室内铺开种球,其厚度不超过10厘米,晾种1天左右,让百合表面水分有所蒸发,促进后

熟，有利于发根和出苗。

百合播种前要对种球进行消毒处理，杀死寄生和附着在种球表面的病菌，减少病菌对百合生长的危害。可用的药剂：①多菌灵或托布津 800~1000 倍液喷雾种球；② 75% 治萎灵 500~600 倍液浸种 30 分钟；③用 70% 敌克松粉剂 1：300 拌种。

7.适时播种

百合一般秋栽，在 9 月上旬至 10 月下旬时栽植。秋栽的百合冬天虽不出苗，但是种球能在土壤中发根，第二年出苗早、生长快。

8.栽植密度

在百合种植生产中，要根据品种的生长习性和当地的自然环境合理密植。同样的品种大种球，种植密度应稀些，这样可以给种球提供充足的养分和生长空间，使其充分生长，得到个大质优的产品。播种株、行距一般为（10~15）×（25~35）厘米，在正常情况下，一般用种量 200~225 千克/亩，播种 10000~12000 株/亩。

9.栽植深度

栽植时应按种球的大小来确定种球栽植深度，一般为种球高度的 2~3 倍（8~12 厘米）。砂质土适当深播，黏质土适当浅播。

10.栽植方法

一般先按确定的株行距开挖播种沟，然后在播种沟内摆放种球（注意种球应该是球芯朝上，根系朝下），再覆盖土 5~8 厘米。

11.田间管理

（1）追肥

百合追肥的方法是早施苗肥、重施壮茎肥、后期看苗补肥。苗肥分 2 次施，第 1 次在 12 月施越冬肥，施腐熟人畜粪 1500 千克/亩；第 2 次于出苗后，苗高 6~7 厘米时，一般施腐熟的饼肥 100 千克/亩或畜粪 2000 千克/亩。4 月中旬施壮茎肥，施尿素 20 千克/亩、复合肥 50 千克/亩，促进植株生长和鳞茎分化。5 月中旬，施人畜粪 1000 千克/亩，促进鳞茎膨大。6 月上中旬进行根外追肥，对叶色褪淡、长势较差的百合喷施 0.2% 磷酸二氢钾 + 10%尿素1次，用量75~100千克/亩。

（2）中耕锄草

中耕除草是传统的除草方法。百合生长期一般中耕 1~3 次。在百合出土后到百合植株封行前（一般苗高 20 厘米）完成中耕，一般结合除草、培土进行。培土做到深栽浅培，浅栽深培，培土时不要损伤和压埋植株。

（3）摘除花蕾

摘除花蕾是百合种球生产中的重要环节，过早或过迟摘除都对百合种球的膨大有不利的影响。百合摘蕾时间在 5 月下旬至 6 月上旬，植株生长旺盛者多打，反之少打。

（4）清沟排水

百合生长期间，结合培土进行清沟，做到排水畅通，大雨后田间不积水。如遇干旱，要及时进行灌溉，防止土壤过分干旱，造成种球干枯、萎缩，影响地下生长。但灌水不可过多，以湿润土壤为宜。

四、病虫草害防控

1. 百合病害及其防治

百合病害较多，其中以百合枯萎病、百合灰霉病、百合炭疽病、百合疫病最为常见，其他的病害还有褐斑病、叶斑病、叶尖干枯病、软腐病、斑枯病、白斑病、黑斑病、锈病、鳞茎干腐病、腐霉病、茎溃疡病、萎蔫病等。

（1）百合疫病

百合疫病俗称脚腐病。近地面茎部受害，病部出现水渍状病斑，变褐缢缩，扩展后腐败，产生稀疏的白色霉层；病害严重时，植株枯死倒伏；鳞茎感病，初生油渍状小斑点，逐渐扩大为灰褐色软腐，俗称"漏底"。叶和花受侵染，其上生油渍状小点，逐渐扩大，变成灰绿色。天气多雨潮湿，尤其是每次大雨后，低洼积水，排水不良，该病易发生和蔓延。施用未腐熟的有机肥，害虫为害鳞茎造成伤口后均有利发病。

防治方法：①实行轮作栽培，选用健壮较大的鳞茎做种球；②注意排水，降低田间湿度；③发病初期可用25%甲霜灵、58%甲霜灵锰锌可湿性粉剂、40%乙磷铝500~800倍液喷雾，每隔7~10天喷1次。一般在雨后天晴时要及时喷药。

（2）百合枯萎病

百合枯萎病是为害较严重的一种土传病害。发病初期，病株顶部心叶黄化，茎秆顶端变紫色，叶片逐渐变黄，最后整株枯萎，根茎部维管束变褐色，地下鳞茎腐烂。4月中旬左右开始发病，5月中旬达到高峰期，5月下旬植株大量死亡和枯萎；6~7月持续发生。高温多湿、排水不良、氮肥施用过多、通风不畅、湿气迟滞、土壤偏酸等因素均有利于该病发生。

防治方法：①选育抗镰刀菌的百合新品种，岷江百合和亚洲百合抗性较强；②采用轮作、开沟排水、合理施肥、选用健壮种球等防治措施；③65%代森锰锌、40%多菌灵500倍液灌根或喷雾。

（3）百合灰霉病

百合灰霉病主要为害叶片和茎。一般情况下植株上部叶片先发病，幼嫩茎叶顶端染病，致茎生长点变软、腐败；叶部染病，形成黄色至赤褐色圆形或卵圆形斑，病斑中央开始发白、变薄，病斑四周呈水浸状，湿度大时，病部产生灰色霉层，病害向下部叶片发展，严重时大部分叶片和植株枯死。

防治方法：①秋季清除地上部植株并烧毁，发病时及时去除病叶；②疏通沟渠，防止田间积水；③58%甲霜灵锰锌可湿性粉剂、75%百菌清500倍液、50%多菌灵500倍液、70%甲基硫菌可湿性粉剂500~800倍液交替喷雾。

（4）百合炭疽病

百合炭疽病主要侵害叶片、茎秆，也侵害鳞茎。叶片染病，初期出现水浸状暗绿色小点，后期在病斑上产生黑色小点。叶尖染病，多向内坏死形成近梭形坏死斑，严重时病斑相互连接致病叶黄化坏死。茎部染病，形成近椭圆形至不规则形灰褐至黄褐色坏死斑，后期亦产生黑色小点。在贮藏期百合鳞茎亦可受炭疽病的继续为害，病斑扩大，球茎变为褐色或黑色，造成大量腐烂。刮风、下雨等异常天气条件下，百合炭疽病较容易发生，土质黏重、含水量大的田块发病较重。

防治方法：①注意排水，地表湿度切忌过大，挖掘时避免损伤；②可用50%多菌灵可湿性粉剂、25%施保克乳油、75%百菌清可湿性粉剂600倍液防治。

（5）百合基腐病

基腐病又称鳞茎腐烂病，主要为害百合球茎外皮基部和鳞片，发病后球根基盘或鳞片上产生褐色腐烂。沿鳞片向上扩展，染病鳞片常从基盘上脱落。地上部分叶黄化，变紫，早死，矮小，生长不良，受伤鳞茎易发病。该病常与百合根腐病、鳞片腐烂同时发生，带病球根、土壤污染是主要侵染源。

防治方法：①施用腐熟有机肥，合理轮作，拔除病株；②可用75%百菌清可湿性粉剂、50%甲霜灵锰锌可湿性粉剂、50%多菌灵800倍液喷雾。

（6）叶尖干枯病

该病主要为害叶尖。叶尖发病后变黑褐色坏死或干枯，并不断向叶基部扩展；叶片中间染病，形成椭圆形或纺锤形病斑，边缘褐色或红褐色，中央灰白色，病部散生许多小黑点。百合田间4月中下旬开始发病，肥水管理不善、生长衰弱的易发病。

防治方法：①采用水旱轮作，提倡稀植；②可用50%多菌灵可湿性粉剂、40%施佳乐悬浮剂1000~1500倍液防治。

（7）软腐病

软腐病为害鳞茎、茎及叶，鳞茎发病，可使鳞茎腐烂，并散发出难闻的恶臭气味。地势低洼的黏性土壤发病严重。

防治方法：①选择无损伤的鳞茎，并用0.1%的高锰酸钾水溶液浸泡8~10分钟进行消毒；②用72%农用硫酸链霉素可溶性粉剂、30%绿得保悬浮剂、新植霉素等药剂800倍液喷雾。

（8）百合病毒病害

百合病毒病常与真菌性病害混合发生；田间再侵染主要是由蚜虫传播引起的。病毒侵染百合后造成叶片黄化、叶面出现浅绿和深绿相间斑驳，严重的造成叶片分叉扭曲，植株矮化、畸形，甚至茎秆出现坏死斑。

防治方法：①选用抗病品种，选用健株的鳞茎繁殖；采用脱毒组培苗等措施可以减轻百合病毒病的为害；②与水稻、玉米等农作物进行轮作倒茬；③可用50%西维因可湿性粉剂、10%吡虫啉可湿性粉剂、50%抗蚜威超微可湿性粉剂1000倍液，控制传毒蚜虫，减少病毒病的传播蔓延。

（9）缺素病害

百合缺素病害主要是由于在生长期间，缺乏氮、钾以及锌、铁、镁、硼、钙等微量元素引起的生理性病害。主要表现为叶片颜色变浅或变黄、植株茎秆较软、植株生长偏矮等异常现象。

防治方法：有针对性地补施速效氮钾肥，或喷施0.1%螯合铁、0.3%磷酸二氢钾、锌、铁、镁、硼、钙等元素。

2. 百合虫害及防治

百合害虫种类主要包括蚜虫、蛴螬、地老虎等。

（1）蚜虫

为害百合的蚜虫主要有棉蚜和桃蚜两种。棉蚜、桃蚜均吸取汁液，引起百合植株萎缩、生长发育不良，同时传播多种病毒病，造成百合植株感染病毒病。蚜虫群集百合叶背，受害叶片向背面呈现不规则的卷缩。

防治方法：①清除杂草，剪除严重受害的茎秆、叶片等植株残体；②可用阿维菌素、氰戊菊酯、吡虫啉等药剂1000倍液喷施于植株的蚜体上。

（2）蛴螬

蛴螬为金龟子的幼虫，为百合主要地下害虫之一。蛴螬乳白色，头橙黄色或黄褐色，体圆筒形、整体呈"C"形卷曲。可直接咬断幼苗的根、茎，造成枯死苗，也啃食鳞茎、根，使植株萎蔫枯死。

防治方法：①秋种或春季中耕时可人工捕捉蛴螬，利用金龟子（蛴螬成虫）的趋光性，于6月中旬至7月中旬在田间设置杀虫灯进行诱杀；②可在种植前用甲基异柳磷乳油拌成毒土穴施。

（3）地老虎

地老虎俗称地蚕、土蚕、切根虫、截虫等，为害严重的有黄地老虎、小地老虎、大地老虎。在湖南为害百合的主要是小地老虎，为害盛期为4月上中旬至5月初，百合出苗，植株幼嫩时为害严重。

防治方法：①搞好田间卫生，铲除地头、地边、田埂路旁的杂草，并带到田外及时处理或沤肥，能消灭一部分卵或幼虫；②可用菜叶、树叶等切碎加入适量糖、醋、酒混合，傍晚以小堆的方式放置在百合田间，次日清晨捕杀堆内幼虫；③氰戊菊酯、辛硫磷乳油、敌百虫等药剂1000倍液喷洒。

3. 百合田间杂草防治

百合大田杂草种类繁多，主要有一年生禾本科杂草马唐、牛筋草及多年生宿根杂草等。百合杂草适应性强，生活周期、生长速度各异，发芽参差不齐，很难一次性防治干净，防治较困难，对百合的为害大。

防治措施：①合理轮作、合理密植可以有效抑制杂草的发生和简化杂草群落的结构；②中耕除草，中耕培土2~3次或加盖稻草、蕨类、地膜等覆盖物，有效减轻杂草为害；③在播种后出苗前，喷施扑草净、氟乐灵乳油、乙草胺、地乐胺等芽前除草剂800~1000倍液一次。出苗后，使用威霸、大杀禾、盖草能等选择性除草剂进行防治。

第四节　采收与产地加工技术

一、采收技术

1. 收获时期

一般根据市场行情百合鳞茎用途不同，实行百合分期采收。作鲜百合销售的一般宜青收(7月中下旬开始)，加工用的一般在百合植株下部2/3的叶片变黄时采收，留种用的应在百合充分成熟时采收。收获时先用四齿耙挖

取，采挖后捡球要轻拿轻放，去掉附土，分大小级装筐。

百合收获的时间一般选择在晴天的早晨或者阴天。收获的百合鳞茎避免阳光直射，以免造成鳞茎表面发生褐变（一般变红色），影响百合的品质。

2. 贮藏

采收后的百合应及时去掉茎秆，除净泥土和根系，放入保鲜库或堆放在干燥、通风、避光的地方。贮藏百合可采用地窖（坑）埋藏法，也可采用筐（箱）贮藏法和沙藏法。贮前要预冷、选果、消毒。

二、加工技术

鲜百合挖出来后，如较长时间暴露在空气中，则很容易发生氧化变褐腐烂，产地加工的方法对百合的质量影响很大，百合鳞茎加工方法多，近年来，随着人民生活水平的提高以及消费观念的改变，百合产品的形式多样，百合产品的综合利用越来越受到人们的重视。

1. 鲜百合加工方法

主要工序有：选料、预冷、切分、清洗、杀菌、漂洗、护色、甩水风干、真空包装等。

2. 百合干加工方法

百合多以百合干的形式贮藏和上市，百合干加工主要经过剥片、清洗、泡片、烫煮处理、干燥、包装等工序。

第五节 产品综合利用

近年来，采用现代食品高新技术，对百合淀粉、蛋白质、多糖、果胶、皂苷等功能性成分进行分离提取，研制功能食品，为百合资源的综合利用和深加工提供了新思路和新途径。尤其是百合淀粉、膳食纤维、多糖的制备技术发展较快也较成熟，另外，百合果胶、皂苷、生物碱分离提取技术也逐渐在生产上推广应用。

第二章
玉竹
2

曹亮

第一节　植物简介

一、基源植物及主要栽培品种

　　玉竹在 2015 版《药典》中规定的基源植物是 *Polygonatum odoratum*（Mill.）Druce，药用部位为干燥根茎。《湖南药用植物资源》也是本种。《中国植物志》对玉竹的植物特征描述为"根状茎圆柱形，茎高 20~50cm，具7~12 叶，叶互生。花序具 1~4 花，无苞片或有条状披针形苞片；花被黄绿色至白色，花被筒较直；花丝丝状，近平滑至具乳头状突起；子房长 3~4毫米，花柱长 10~14 毫米。浆果蓝黑色，直径 7~10 毫米，具 7~9 颗种子。花期 5~6 月，果期 7~9 月"（图 2-1）。

　　据《中国植物志》记载"本种广布于欧亚大陆的温带，变异甚大，叶下面脉上和花丝均可平滑至具乳头状突起，不同的作者，对不同类型，曾给予不同等级的名称。由于对它的变异规律尚未十分掌握……""根状茎药用，系中药'玉

图 2-1　玉竹植株

竹'。"由此可见，玉竹品种变异较大，在各地出现了不同类型的资源。且该种欧亚大陆温带地区广布，产于我国黑龙江、吉林、辽宁、河北、山西、内蒙古、甘肃、青海、山东、河南、湖北、湖南、安徽、江西、江苏、台湾等地。生林下或山野阴坡，海拔 500~3000 米。其分布跨度极大，资源多样性极其丰富。

由于玉竹资源的多样性，在传统的中药材栽培及使用过程中，产生了地域特色的栽培品种和商品类型。主要有如下几类：

一是湘玉竹（图 2-2 至图 2-3），条粗，色淡黄，味甜糖质重；开片黄白色，品质好。主产湖南邵阳、娄底、郴州、张家界、衡阳等地。广义来讲，湘玉竹为产自湖南的玉竹，按根茎形态分为"猪屎尾""米尾""同尾""竹节尾""刺尾"等品种，见表 2-1，其中"猪屎尾"和"米尾"产量高，根茎粗壮，适宜切片加工，是湘玉竹的主要栽培品种。猪屎尾在湖南省内栽培只开花，不结果，有利于养分的积累，产量提高，是具有地域特色的优异资源。

表2-1　湘玉竹品种种苗参数

序号	品种	折干率（%）	长度（厘米）	种苗直径（厘米）	重量（克）
1	竹节尾	30.97	8.07	0.993	5.845
2	刺尾	33.26	10.02	0.998	8.182
3	同尾	29.15	6.87	1.312	11.588
4	米尾	29.41	7.79	1.857	20.764
5	猪屎尾	30.08	8.76	1.655	21.986

图 2-2　湘玉竹各品种种苗
（从左至右分别为"刺尾""竹节尾""同尾""米尾""猪屎尾"）

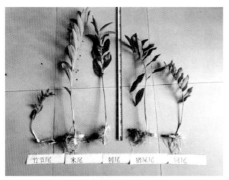

图 2-3　湘玉竹各品种植株形态

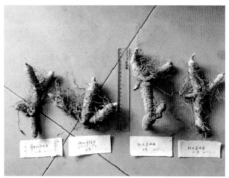

图 2-4　桂阳玉竹形态

　　二是浙江玉竹：个头细长，糖分含量高。主产浙江东阳，磐安，仙居，新昌等县市。其栽培品种根茎较细，叶片较圆。

　　三是西玉竹：商品加工时分主根茎和支根茎，主根茎称"连州竹头"（图 2-5），支根茎称"西竹"或"统西竹"。红棕色、黄棕色至金黄色，不及湘玉竹糖分足，味甜略淡，主产广东连县、乐昌等地。据实地考察，连州玉竹目前主要按"大竹""中竹""小竹"定商品类型，其中"大竹"主要来源于"米尾"。

　　四是关玉竹：较细长，淡黄色，表面纵纹明显，体轻质硬，味甜淡。主产东北及河北、内蒙古等地（图 2-6）。资源分为两类，一种是"小玉竹"，

图 2-5　连州玉竹（从左至右为"竹节尾""刺尾""米尾"）

图 2-6　东北玉竹（左为"小玉竹"，右为"大玉竹"）

根茎极其细小；一种"大玉竹"，其植物来源为玉竹，是主要栽培资源。目前已育了三个品种，分别为吉林农业科技学院、吉林省农业科学院选育的"吉竹1号"，抚松参源长白山人参科技有限公司选育的"抚竹1号"，长春中医药大学、白山老关东特产品有限公司选育的"玉立1号"。

五是江北玉竹，品质类似关玉竹，但色浅体质较轻。主产江苏、安徽一带，为野生品。

二、特征特性

玉竹对环境条件的适应性很强，喜凉爽潮湿荫蔽环境，耐阴性强，耐寒，怕积水和强光直射，强光照会使叶片灼伤。在海拔600~1000米的低山丘陵或谷地均可生长，海拔超过1000米生长不良。玉竹对土壤条件要求不严，土壤以土层深厚、排水良好、疏松肥沃、富含腐殖质的砂质壤土为好，土壤pH值5.5~6最适宜。玉竹喜湿润、畏积水。一般应选择湿度适宜的地方，太黏重、排水不良、湿度过大的地方及地势高燥的地方不宜种植。忌连作，前茬以豆科及禾本科作物为好，不宜在辣椒茬后种。

玉竹整个生长周期为210~230天，温度在9~13℃时，从根茎出苗；18~22℃时现蕾开花；19~25℃时地下根茎增粗，为干物质积累盛期；温度下降到20℃以下时，果实成熟，地上部生长缓慢。水分对玉竹生长较为重要，一般全月平均降水在150~200毫米时地下根茎发育最旺，降水在25~50毫米以下时，生长缓慢。种子上胚轴有休眠特性，低温能解除其休眠，胚后熟需25℃ 80天以上才能完成。故要使种子正常、快速发育，必须先将种子置25℃条件后熟80~100天，然后置0~5℃条件下1个月左右。再移至室温下，就可正常发芽。但目前生产上一般不用种子繁殖。种子寿命为28天。玉竹的生产周期为3年，超过3年地下新根茎形成而老根茎腐烂，影响产量。

三、区域分布

玉竹产黑龙江、吉林、辽宁、河北、山西、内蒙古、甘肃、青海、山东、河南、湖北、湖南、安徽、江西、江苏、台湾。生林下或山野阴坡，海拔500~3000米。欧亚大陆温带地区广布。

目前栽培主要分布区域为东北地区的"关玉竹"，栽培地区集中在辽宁宽甸、桓仁、清原，吉林通化、敦化、延吉等地。浙江等地的"浙江玉竹"，分布在浙江东阳，磐安，仙居，新昌。湖南等地的"湘玉竹"主产湖南邵阳、娄底、郴州、张家界、衡阳等地，广东清远、连县、乐昌等地的"西竹"。

第二节　产业现状

一、产业规模

玉竹在湖南省种植面积最大，种植区域相对集中，是我省面积最大的草本中药材，目前种植面积20万亩左右。年产鲜玉竹15万吨以上，加工干品玉竹片及玉竹条在4万吨左右。产值在10亿元以上。

二、产业发展面临的主要问题

一是市场价格波动较大，价贱伤农的事情常有发生，盲目跟风种植导致的产能过剩，对玉竹市场冲击较大，最近30年玉竹市场行情持续波动，出现了涨跌更替的现象。

二是产地初加工尚不规范，产区硫熏加工、小作坊加工为主，在工业化、绿色化初加工，产品质量整体提升方面还需要全社会的支持和从业人员的努力。

三是精深加工产品开发不足，作为我省的第一号中药材资源，及药食兼用中药材品种，在多样性产品开发、市场推广方面还需要进行大量的工作，把资源优势转变为产业优势。

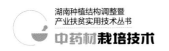
用透光率在30%~40%遮阳网搭建荫棚遮阴，荫棚高2米，四周通风。

4.疏花摘蕾

疏花、摘蕾是提高多花黄精产量的重要技术措施。多花黄精以根状茎为收获部位，开花使得生殖生长旺盛，耗费大量营养，故应在花蕾形成前期及时将其摘除，减少生殖生长，促使养分向地下根茎积累，增加产量。一般在4月下旬至5月上旬多花黄精孕蕾时即可将花蕾全部摘除（图3-9）。

图3-9　多花黄精开花　　　图3-10　多花黄精果实

5.留种

多花黄精摘除花蕾前，选择植株高大、健壮整齐、无病虫害的植株留种用（图3-10），9~10月种子成熟后采收，采收回来的种子先洗去果皮，用清水浸泡，去掉漂浮在上面不饱满的种子，将剩下颗粒饱满的种子捞出，沥干水分，晾干，用网袋沙藏，贮存备用。

（四）病虫草害防控

生产上主要病害有叶斑病、黑斑病、炭疽病、软腐病、枯萎病，其中以叶斑病较为常见。在栽培过程中易受小地老虎、蛴螬、飞虱、叶蝉等害虫为害。

1.叶斑病

叶斑病俗称"眼斑病"，该病主要为害叶片，好发于夏秋转换之季；初期由基部叶片开始，受害叶片出现褪色斑点，而后病斑逐渐扩大形成椭圆形或者不规则形状的灰褐斑，大小1.0~1.5厘米，中间淡白色，边缘褐色，贴近健康组织处有明显黄晕，病斑形似烂眼状；病情严重时，多个病斑愈合引起叶片枯死，并可逐渐向上蔓延，最后全株叶片枯死脱落。一般在土壤碱化，pH 值上升至 7.6 以上的地块更易发生，田间渍水，湿度大时蔓延快。

防治方法：用 65％代森锌可湿性粉剂 500 倍液喷雾防治，间隔 7~10 天 1 次，连续 2~3 次。

2. 黑斑病

黑斑病俗称"瘟病"，多发于盛夏，初秋时节亦有发生，为害叶片，也侵染果实。该病系种传真菌性病害，也可通过病残体传播。老叶最先发病，染病叶片病斑呈圆形或椭圆形，紫褐色，后变成黑褐色；严重时多个病斑联合形成枯死团，累及全叶，病叶枯死发黑、不脱落、悬于茎秆。染病果实病斑呈黑褐色，略有凹陷，病果枯干皱缩不腐烂。

防治方法：收获时清园，消灭病残体；前期喷施 1∶1∶100 波尔多液防治，每 7~10 天 1 次，连续 3 次。

3. 炭疽病

炭疽病俗称"火焰疤"，多发于春夏之交和夏秋季节转换时节，主要为害叶片，果实亦可感染，叶片染病后叶尖、叶缘部位先出现病斑，初为红褐色小斑点，后扩展成椭圆形或半圆形黑褐色病斑，病斑中间凹陷，常穿孔脱落，边缘略隆起呈红褐色，外缘有黄褐色晕圈，潮湿条件下病斑上散生小黑点。该病系土传真菌性病害，病菌分生孢子通过叶片伤口或自然裂口侵入，空气湿度大时传播速度快，为害严重。

防治方法：在发病初期用 50％退菌特可湿性粉剂 800~1000 倍液喷雾防治，间隔 7~10 天 1 次。

4. 软腐病

软腐病俗称"烂泥膏"，受害植株呈水渍状腐烂，病组织软化，散发出异臭味。病原菌在病残体上或土壤中越冬，经伤口或自然裂口侵入，借雨水飞溅或昆虫传播蔓延。

防治方法：用农用硫酸链霉素 4000 倍液喷施防治。

5. 枯萎病

枯萎病俗称"黑心病"，染病植株叶片黄枯下垂呈枯萎状，根部变为灰褐色，剖开病茎维管束变褐，严重的全株萎蔫枯死。湿度大时，病部可见粉红色霉状物，即病原菌分生孢子梗和分生孢子。病菌为土壤栖居菌。以菌丝体及厚垣孢子在土壤中越冬，翌年通过雨水或农事活动进行传播，侵染适宜温度16~20℃。土壤湿度高，有利于病菌的侵入和扩展。

防治方法：用50%多菌灵500倍液，或用50%代森铵乳剂800倍液等药剂植株根部浇灌或喷施防治。

6. 小地老虎

小地老虎杂食性昆虫，以幼虫为害幼苗。幼虫在3龄以前昼夜活动，多群集在叶或茎上为害；3龄以后分散活动，白天潜伏土表层，夜间出土为害咬断幼苗的根或咬食未出土的幼苗，常常将咬断的幼苗拖入穴中。幼虫共6龄，3龄前在地面、杂草或寄主幼嫩部位取食，为害不大；3龄后昼间潜伏在表土中，夜间出来为害，动作敏捷，性残暴，能自相残杀。老熟幼虫有假死习性，受惊缩成环形。

防治方法：糖酸液诱杀。可用蔗糖3份、醋4份、酒1份、水2份，加90%以上敌百虫原药0.1份按比例配成糖醋毒液，每90~150米放置一盆进行引诱毒杀。为害比较严重的地块，选用50%辛硫磷乳油800倍液喷施防治，或90%敌百虫晶体600~800倍液喷施防治，或用250克敌百虫拌鲜草80~100千克进行空土诱杀或定植后围株诱杀。

7. 蛴螬

蛴螬幼虫为害植株根部，咬断幼苗或咀食苗根，造成断苗或根茎部空洞，5月底至6月中旬为害尤为严重。

防治方法：可用75%辛硫磷乳油按种子量0.1%拌种；或在田间发生期，用90%敌百虫1000倍液浇灌防治。

8. 飞虱、叶蝉

飞虱、叶蝉成虫和若虫刺吸液汁造成枯焦斑点和斑块，导致植株生长退缩、花器受损、果实干瘪、种子瘦小；为害严重时常伴生青绿霉病和灰霉病等，虫病齐发往往整株枯死。

防治方法：20％菊马乳油 30~40 毫升，兑水 30~45 千克喷雾防治，亦可用 10％吡虫啉 4000~6000 倍液喷雾防治。

第四节　采收与产地加工技术

一、采收技术

用根茎做种的多花黄精应栽种 3 年以上才能采收，用种子繁殖的多花黄精应栽种 5 年以上才能采收，多花黄精采收可分春秋两季采收，宜秋季采收，9 月下旬植株地上部枯萎时，选晴天采收，抖去泥土，剪去茎秆。

二、初加工技术

多花黄精的加工根据用途可繁可简，作食品用的采用"九蒸九晒"进行加工，做饮片的可直接切片烘干。"九蒸九晒"即将采收回的多花黄精除去地上部分及须根，洗去泥土，置蒸笼内蒸至呈现油润时，取出晒干或 50℃烘干，如此反复九次。饮片加工即将采收回的黄精去除须根，进行切片，切片晒干或 50℃烘箱烘干（图 3-11）。

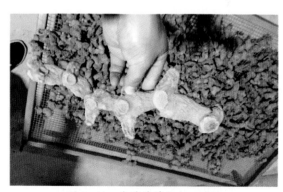

图 3-11　多花黄精初加工产品

三、包装储藏

加工好的产品应及时分等级包装，包装袋必须标注品名、规格（等级）、产地、批号、包装日期、生产单位等，确保多花黄精质量符合《中华人民共和国药典》的要求。包装好的产品应选择通风、干燥、避光、防鼠虫和防潮密封仓库储存，并定期检查产品保存情况。

第五节　产品综合利用

黄精的经济价值是多方面的，除了药用价值高外，还可以在药用、食用、观赏和美容等方面创造巨大的经济效益。当前，随着人们对无污染的野生保健食品的需求量日益增加，黄精的食用保健价值也逐渐呈现出经济优势，食用黄精的开发也是黄精植物资源新的经济增长点。因此，必须加大对黄精属植物食用方面的研究力度，开发研制出更多的特色黄精食品和旅游产品，使其成为重要的保健食品来源之一。在民间，人们把新鲜黄精肉质根状茎采集后蒸熟或烧熟食用，或晒干、研磨、过筛、制成干品，还未形成一系列的产业化生产模式。为了提高黄精食品的技术含量，可对黄精的各种成分进行提取、分离后，加以综合利用，开发研制成能增强机体免疫功能、抗衰老、降血糖、降血脂等功能性保健食品，将会受到市场的广泛欢迎。

利用黄精的生物学特性，开发出适合阴地生长的黄精观赏品种，充分发挥黄精植物观叶、观花、观果的观赏效果，也是极具潜力的。

利用黄精植物的生物活性成分，还可以加大对黄精植物美容价值的开发力度，从中提炼出大量的植物精华素，使其能够成为像芦荟、金银花一样深受人们欢迎的纯天然美容化妆品原料。

第六节　典型案例

　　新化是国家贫困县、武陵山片区区域发展和扶贫攻坚县。2017 年，全县有未脱贫贫困村 148 个，贫困人口 89842 人，未脱贫村与贫困人口分别居湖南省第一位、第二位。槎溪镇油坪溪村位于湖南省新化县西南部，距离县城 40 千米，总人口 4028 人，森林覆盖率 86%，境内山多地少，村民生产生活条件十分艰苦，是省定贫困村。近年来，在县、镇两级党委政府的坚强领导和科技部门的指导下，该村立足资源禀赋，积极发挥基层党组织的战斗堡垒作用和党员的先锋模范作用，坚持以科技创新引领乡村产业发展，走出了一条以林下黄精种植、开发带动乡村产业兴旺的新路子。截至 2018 年底，油坪溪村 132 户贫困户 473 名贫困人口参与黄精产业，目前已全部脱贫，油坪溪村也成功摘掉贫困村的帽子。在油坪溪村的带动下，新化县全县大力发展黄精林下种植，截至 2018 年 6 月，新化县黄精林下仿野生栽培面积达 18000 亩，育苗基地近 200 亩，从业人员近 5000 人。与此同时，新化县企业已与北京同仁堂、陕西步长制药集团、贵州信邦制药股份有限公司等企业签订产供销协议，在上海、浙江、安徽、广东等地开设产品销售网点，新化黄精年销售额达 2.8 亿元。

一、中药材产业扶贫模式

（一）固定分红的模式启动林下黄精种植

　　新化林下黄精种植发展之初，采取林下空地种植黄精固定分红的模式，即土地的承包权不变，地上的林木属于农户，利用林下空地种植黄精，公司不支付租金，农户不参与投资与管理，等黄精采收后，农户收益占总产量的 5%。实施 4 年后黄精亩产 3000~3500 千克，以黄精药材 10~14 元/千克，即农户自有林地每年在零投入的情况下，可以产生 400~600 元/亩的红利，而且种植黄精后，树木得到了更好抚育，林木收益也相应增加且全部归农户。利用这种模式，新化黄精迅速发展起来。

黄精种植取得效益之后，新化县黄精种植带头人邹辉于 2015 年成立了新化县颐朴源黄精科技有限公司。公司通过技术服务与优惠种苗供应、保底价回收的方式，带动的合作社发展黄精种植 1100 亩，带动的合作社发展社员 52 人并全部脱贫，与槎溪镇竹山湾村、天门乡麦坳村等农户签订了黄精种植技术帮扶协议，为奉家、金凤、天门等乡镇的贫困农户开展了多次的技术培训，技术培训达 800 人次。

（二）新化县扶贫资金扩大黄精产业规模

新化县委县政府以黄精林下种植为抓手，大力推动黄精产区扶贫，将中药材产业作为新化县"两茶一药（茶叶、油茶、中药材）"重点扶贫和乡村振兴支柱产业，新化黄精作为中药材重点推广品种。新化县补助种植黄精的贫困农户 1500 元/亩，制定省级及以上标准化生产（加工）技术规程（标准），省级龙头企业、市级龙头企业和"三品一标"的企业，分别给予 5 万~20 万元不等的奖励，同时鼓励中药材企业、专业合作社、种植大户与贫困户采取直接帮扶、委托帮扶、股份合作等多种方式带动贫困户发展黄精产业，助力脱贫。

（三）科学建立运作模式，带动群众致富

通过几年摸索和发展，油坪溪村探索出了"以科技创新为支撑、以林药共生经济为主导、以药食同源黄精食品开发为核心"的一、二、三产业融合发展模式。目前，新化县委县政府正以科学创新为引领，以油坪溪村为示范，建立了"企业＋合作社＋农户"的运作模式，以公司为龙头，引导和组织合作社发展生产，再由合作社辐射带动周边农户种植，壮大基地规模。同时采取"四统一"：即对合作社社员统一提供种苗、统一技术指导、统一配送农资、统一产品销售的方式。在全县高海拔山区推广发展黄精产业，带动社员和农户走上致富路，着力将"新化黄精"打造成全省乃至全国的农业区域公共品牌，助力乡村振兴。

二、新化黄精林下种植扶贫成效

（一）形成规模产业，带动农户脱贫

为帮助村里脱贫摘帽和贫困对象脱贫致富，颐朴源黄精科技有限公司充分吸纳本村与邻近村贫困户就业，贫困农户采取土地流转、土地入股和小额扶贫信贷投入方式，参与到公司的经营管理中来，与公司建立利益联结机制。截至 2018 年底，共吸纳 132 户贫困户 473 名贫困人口参与黄精产业，目前已全部脱贫，油坪溪村也成功摘掉贫困村的帽子。致富带头人邹辉的创业经历也得到了各级党委、政府的肯定与认可，2014 年荣获"新化县脱贫致富模范"，2016 年"湖南省百名最美扶贫人物""中国时代风采人物"，2017 年度共青团娄底市"创青春"大赛三等奖。2018 年荣获首批"中国林业乡土专家"。

在油坪溪村的示范带动下，新化黄精产业实现从无到有、从小到大，不断地成长壮大。截至 2018 年 6 月，新化县黄精林下仿野生栽培面积达 18000 亩，育苗基地近 200 亩，黄精研发生产企业 7 个，种植合作社达 30 个，种植农民达 5000 人。与此同时，新化县企业已与北京同仁堂、陕西步长制药集团、贵州信邦制药股份有限公司等企业签订产供销协议，在上海、浙江、安徽、广东等地开设产品销售网点，新化黄精年销售额达 2.8 亿元。

（二）研发黄精系列产品，拓宽产品市场

黄精产量提升之后，迫切需要提升产品附加值，拓宽市场。颐朴源、绿源、天龙山等新化县黄精龙头企业在产品开发上对接湖南省中医药研究院、湖南农业大学等"三区科技人才"，开发了九蒸九晒黄精、有机黄精茶、黄精超微粉、黄精酒、黄精糕、黄精饼等畅销产品。通过网络销售与线下代理相结合，在浙江温州、广东深圳、安徽池州、上海等地建立了线下合作销售网点。与北京同仁堂、陕西步长制药集团、贵州信邦制药股份有限公司等大型中药制药企业达成原料供应合作协议，颐朴源公司 2017 年销售收入达 637 万元。

（三）申报地理标志产品，打造"新化黄精"品牌

新化黄精创业之初就非常注重药材质量与产品品质。2014年与科研院所合作开展黄精林下栽培技术研究，取得了"多花黄精种子繁育与林下栽培技术研究"科技成果一项，等级国内领先，在国家林业局"2017年重点推广林业科技成果100项"林下经济排名第一；2015年中央财政林业科技推广的"多花黄精林下栽培技术示范"在新化实施。绿源农林与颐朴源黄精合作申报多花黄精种苗繁育与栽培发明专利2项、起草湖南省多花黄精地方标准2个。颐朴源黄精通过有机食品认证和"2017中国中部（湖南）农业博览会金奖"，绿源农林通过绿色食品认证。2018年9月，"新化黄精"地理标志证明商标正式获国家市场监督管理总局知识产权局批准注册，成为湖南省首个全国性的黄精中国地理标志。这标志着生于深山之中的新化黄精开始进入全国视野，走向全国市场。

新化黄精产业实现跨越发展，迅速成长，已成为全国林下经济的样板，林下仿野生栽培技术已在全国推广。特别是地理标志的成功申报，对全县的经济社会发展、脱贫攻坚、旅游开发、乡村振兴产生了深远影响，同时也为带动区域经济发展注入了"绿色原动力"。

第四章
白及

4

曹亮

第一节　植物简介

一、基源植物及主要栽培品种

白及为兰科植物白及 [*Bletilla striata* (Thunb.) Reichb. f.] 的干燥块茎。别名连及草、甘根、紫兰。夏、秋两季采挖，除去须根，洗净，置沸水中煮或蒸至无白心，晒至半干，除去外皮晒干。具有补肺止血、消肿生肌等功效，主治肺结核咳血、支气管扩张咯血、胃溃疡吐血、尿血、便血等症；外用主治外伤出血、烧烫伤等。主要栽培品种依靠野生变家种，并通过营养基辅助种子繁殖，进行扩种而来。

白及属全球约 6 种，主要分布在亚洲，我国有 4 种，分别为华白及、黄花白及、小白及、白及。除白及外，其余品种未被《中华人民共和国药典》收录。

白及是多年生草本，高 20~50 厘米。假鳞茎扁平，卵形，有时为不规则圆筒形，直径约 1 厘米，有线状须根。叶阔披针形至长圆状披针形，长15~40 厘米，宽 2.50~5 厘米，全缘，向上端渐狭窄，基部有管状鞘，环抱茎上。总状花序顶生，有花 4~10 朵，长 4~12 厘米，花序轴蜿蜒状；苞片长圆状披针形，长 1.50~2.50 厘米，早落；花玫瑰紫色，直径 3~4 厘米，萼片长圆状披针形，长约 2.50 厘米，花瓣长圆状披针形，长约 2.50 厘米，唇瓣倒卵形，内面有纵线 5 条，上部 3 裂，中间裂片长圆形，边缘波纹状；雄蕊与花柱合成一蕊柱，和唇瓣对生，花粉块长圆形。蒴果，圆柱状。长约 3.50 厘米，直径约 1 厘米，有纵棱 6 条；种子微小，多数。花期 4~6 月；果期 7~9 月。喜温暖、湿润、阴凉的气候环境，常野生于丘陵、低山溪谷边及荫蔽草丛中或林下湿地（图 4-1）。

近年来，随着白及价格攀升，刺激全国各地很多药农引种白及，在引种过程中，种源的选择至关重要，如果选种不当，商品价值将大大降低。目前，市场上流通的商品白及种源有水白及（又称大白及）、独白及（又称糯白及）、羊蹄白及、二叉白及和三叉白及 5 个种。水白及根茎体积大、椭圆形，纵径 3~5 厘米，横径 2~4 厘米，根茎常带绿色，其原植物是二褶羊耳蒜。独白及根茎体积小、白色，近圆形，直径 1~2 厘米，其原植物是云南独蒜兰，《中华人民共和国药典》一直将其作为山慈菇使用。羊蹄白及根茎体积小、白色，形状不规则，有凸起的棱角，其原植物是小白及；二叉白及根茎常呈二叉状分枝，其原植物是黄花白及；三叉白及根茎常呈三叉状分枝，其原植物是白及。种植中，当选用三叉白及即白及品种。其他 4 种白及只能作为地方习用品使用。

图 4-1 白及植株

正品白及由于原产地不同及生长环境存在差异在全国有两个生态型，一种生态型植株相对矮小，一般株高 15~25 厘米，叶宽 1~1.5 厘米，根茎小，根茎高 1~2 厘米，主产于云南、贵州、四川地区；另一种生态型植株相对较高，一般株高 20~40 厘米，叶宽 2~4 厘米，根茎较大，根茎高 2~3 厘米，主产于江苏、湖北、湖南地区。两种生态型以产于江苏、湖北、湖南一带的大种型产量高，是小种型产量的 2~3 倍。

二、特征特性

（一）白及植物特征

白及为多年生草本，秋季采挖野生鳞茎移栽，来年 3~4 月展叶，4~6 月开花，8 月后蒴果开始逐渐成熟，9 月底蒴果开始掉落。11 月中下旬部分叶片开始发黄枯死，但不全倒苗。喜温暖、阴凉湿润的环境。分布地区年平均气温 18~20 ℃，最低日平均气温 8~9℃，年降雨量 1100 毫米以上，空气的相对湿度为 75%~80%。生长发育要求肥沃、疏松而排水良好的砂质壤土或腐殖质壤土，稍耐寒。长江流域可露地越冬。

白及具有收敛、止血、消肿、生肌等功效，同时也广泛应用于医药、美容、涂料、印染等行业，市场需求逐年扩大。野生白及资源遭到无节制人工采挖，经过多年无度采挖，资源量急剧减少，已经列入世界濒危植物保护品种。目前，只有贵州、云南、四川尚能为市场提供货源，其他一些产区已经枯竭，无法为市场提供批量货源。同时，加上白及生态环境遭破坏，野生资源日益减少，已被《中国植物红皮书——稀有濒危植物》第 1 册收录，同时也被写入了《濒危野生动植物国际贸易公约》（CITES）保护种类。

（二）白及传粉生物学特征

目前国内对白及传粉的研究还处于空白阶段，大多数研究人员只专注于对其药理性能进行研究。对白及传粉生物学的研究引起了日本、朝鲜、韩国等科学家的兴趣。韩国国立大学的钟士元在韩国南部海南郡全罗南道研究了 3 个内陆种群与 3 个海滨种群陆生兰花白及的结实率与繁育系统。内陆种群的结实率比海滨种群的结实率高，原因是内陆种群有传粉昆虫意大利蜜蜂，而海滨种群没有传粉昆虫。他还通过人工授粉试验说明，白及是自交亲和性植物而不发生不完全无配生殖和自发性自交，说明了昆虫传粉对白及结实的重要性。虽然白及的花并不能给昆虫提供任何花蜜的报酬，但由于白及花结构的欺骗性，能引诱许多种昆虫到访。日本神户大学 Naotosugiura 在日本神户研究了白及的传粉生物，给白及传粉的 26 种昆虫属于膜翅目、双翅目和鳞翅目，这些昆虫身体的尺寸适合在唇瓣之间活动。兰科植物的传粉生物学是研究其在野外自然繁育的基础，传粉生物学的研究对兰科植物的保育也具有重要意义。因此，要全面了解白及的整个生活史阶段，对它的传粉生物也应引起相关研究者的重视，这方面应该是国内研究人员下一步对白及研究的一个重点。

（三）白及药理作用

白及性微寒，味苦、甘、涩；归肺、肝、胃经。具有收敛止血，消肿生肌等功效。用于咯血，吐血，外伤出血，疮疡肿毒，皮肤皲裂。

在白及入药方面，我国民间把其当作中药已有上千年历史，明代李时珍就曾这样描述过白及："其根白色，连及而生，故曰白及"。我国的少数民族苗族、水族、布依族、仡佬族等均以鳞茎入药，只是各主治功能不同。近年来，我国的科技人员也进行了大量的研究，报道了白及许多的药用功能及其机理。白及的药用功能主要有清热、止血、抗溃疡、治疗十二指肠穿孔、内脏出血、抗菌、促进伤口愈合、抗肿瘤等。从白及中提取的化合物有抑制肿瘤细胞生长，抑菌等活性。除了这些功能，用含有白及成分的牙膏，可防治口腔溃疡、咽喉肿痛、牙周炎、牙龈炎、龋齿、口腔异味等口腔和牙科疾病，治疗牙龈出血有效率达到 96%。

（四）白及功效成分

白及干燥块茎的主要成分为白及胶，约 55% 的化学成分主要是联苄类 (bibenzyls)、菲类 (phenanthrenes) 及其衍生物，此外还含有少量挥发油、黏液质、白及甘露聚糖 (bletilla mannan) 以及淀粉 (30.5%)、葡萄糖 (1.5%) 等。近几年，从联苄类、二氢菲类 (dihydro phenanthrenes) 和联菲类 (biphenanthrenes) 化合物中分离鉴定出一系列新的二氢菲和联菲化合物。

白及胶具有特殊的黏度特性，可作为增稠剂、润滑剂、乳化剂和保湿剂应用于石油工业、食品工业和医药化妆品工业。白及胶的主要成分为大分子多糖，采用热水抽提、乙醇沉淀、Sevag 法脱蛋白、阴离子交换纤维素柱 (DEF-52) 层析和凝胶柱层析可对白及的中性杂多糖进行分离提纯，得到白及中性多糖。由于中药白及在临床医学上的重要作用，弄清其有效成分的提取方法引起了许多研究人员的兴趣。

（五）区域分布

白及野生分布在丘陵和高山地区的山坡
草丛、疏林及山谷阴湿处或沟谷岩石缝中
（图4-2），我国北起江苏、河南，南至台湾，
东起浙江，西至西藏东南部均有分布。

图4-2　野生白及

第二节　产业现状

一、产业规模

白及在我省种植面积在5000亩左右，全国发展种植面积较大，主要集
中在云南、广西、贵州等省份，近几年产业处于迅速上升发展期，全国各地
种植热情高涨，种植面积迅速扩大。目前国内总面积没有统计数据。

二、产业发展面临的主要问题

白及经历了近10年的价格上涨期，特别在近5年涨幅较大，在此期间，
白及栽培面积逐渐扩大，部分野生白及被引种移栽，各地也繁育了大量的种
苗，白及产量逐渐上升，在2018年出现了价格的回落，预计后期随着白及
供应量的增加，其价格仍会下滑。

三、产业可持续发展对策

白及产业的发展，一方面需要加强栽培管理技术的规范化，在粗放扩张
之后，进入高品质高标准种植基地建设。二是面对可能出现的低价期，要
采取理性的发展策略，进行产业的适度调整。三是进行产业链的相关技术研
发，开发白及相关产品，把市场做大做强。

第三节　高效栽培技术

一、产地环境

白及喜温暖、阴湿的环境，耐阴性较强，忌强光直射，多生长于山谷林下，稍耐寒，长江中下游地区可栽培。

二、种苗繁育

白及育苗一般采用分株繁殖和组培繁殖（图4-3至图4-6）。

（一）分株繁殖

在收获白及时，选用当年生具有老秆和嫩芽的假鳞茎作种苗，随挖随栽。在人工栽培条件下，1个块茎能分成1~3个新株。

一年生的根茎有明显顶芽，冬季种植第二年出苗，春季种植当年即可出苗，植株的生长势较强。2~4年生的独块茎无顶芽，仅有潜伏芽，生长年限越长的根茎发芽率越低，生产中，由于种苗需求大，商贩将2~4年生的独块茎混合出售极难区分，2~4年生的独块茎平均发芽率为55%，有50%左右不能发芽，种植后会逐渐腐烂，所以采用混合的多年生根茎种植容易造成缺苑。种植时需将一年生根茎和2~4年生块茎分开种植，一年生根茎直接投入大田生产，2~4年生根茎则集中在小面积育苗床上催芽育苗，1~2年后，再将发芽成苗植株移栽大田。

（二）组培繁殖

白及种子无菌播种组织培养技术。将白及种子消毒后，在培养基上无菌播种，促进种子萌发和生长。操作方式如下：

将成熟而未开裂的白及蒴果先用流水冲洗约30分钟，并用小毛刷轻轻刷洗果皮表面后用蒸馏水洗净，在超净工作台内用70%乙醇浸泡约5分钟，再在0.15%氯化汞溶液中浸泡约10分钟，无菌水冲洗2~3遍后，用无菌滤纸吸干表面水分，置于培养皿，用手术刀将果实切开，将粉末状的细微种子均匀地撒于 Knudson C(KC)+200 克/升新鲜马铃薯汁的培养基上。两周后，种子吸水膨胀，开始出现绿色的小芽点，继而成小球体状即原球茎。40 天后约 80% 的原球茎顶部出现幼叶。将分化出的小芽接入 KC+6-BA2.5 毫克/升 +NAA1.25 毫克/升的培养基使其增殖，28 天左右可获得大量的丛生芽及少量健壮的无根苗。用此培养基继代培养，可增殖 2~3 倍。将无根幼苗转接到 1/2 MS+6-BA0.5 毫克/升 +NAA 1.5 毫克/升 + 活性炭 0.55% + 蔗糖 3% 的培养基，35 天后即可长出 3~6 根幼根，生根率在 90% 以上。在生根的同时，幼苗增高，叶片增多且绿色会加深，由此可以获得大量种苗。

（三）种子直播

白及种子细小，发育不健全，自然条件下种子的发芽率极低。在种子基本成熟时胚的萌发率和成苗率最高，萌发期与成苗期最短，因此，采集健康种子直接撒播在特定苗床上，促进发芽成苗，可以进行种苗繁育。

种子直播育苗经过以下步骤：种子活力测定、苗床整理、配制育苗基质、种子的处理、播种及壮苗。选择树皮粉、腐殖质、营养土、鸡粪和草炭土按体积比为 15：20：8：1：5 配成的育苗基质，控制空气温度 20~35℃、湿度为 60%~80%，在种子萌发不同阶段定期喷洒不同的营养液，种子萌发率可由自然条件下 5% 提升至 69.7%±3.13%；播种 180 天假鳞茎直径可达 1~1.5 厘米。本方法简单易行，出苗速度快，且克服了因种子细小、没有胚乳、在自然条件下极难萌发的困境。具体操作如下：

（1）检测白及种子的活性：白及大田直播时期选择 4 月上旬，首先通过 TTC 染色法对种子进行活力检测。

（2）育苗基地的选择与整理：选择年降水量达到 800~1200 毫米、年平均气温 14 ℃以上且水源方便区域的田地搭建塑料大棚，将大棚内的土地耕耙至上虚下实、平整至无坷垃，起低垄做育苗池。育苗池宽 150~200 厘米，深 20~25 厘米，在池上平铺上塑料布，塑料布四周与土壤之间撒上杀虫剂。

（3）配制基质：选取发酵过的树皮粉与腐殖质、营养土、鸡粪、草炭土按照 15：20：8：1：5 体积比混合。基质与多菌灵按体积比为 1000：5 充分

图 4-3　白及分株苗

图 4-4　白及组培育苗

图 4-5　白及种子直播育苗田

图 4-6　白及种苗

混匀后装入育苗池中，向池中放水至基质彻底浇透，浸泡 3~6 天。

（4）种子处理：保存的白及果荚剥开取出种子，将种子在 0.5 毫克/升的萘乙酸水溶液中浸泡 5~12 小时，取出用吸水纸吸干，按滑石粉与萘乙酸的质量比为 10 000∶1 配制拌种混合剂，然后使用该混合剂与种子按照体积比为 50∶1 充分拌匀。

（5）播种及育苗：将拌好的种子播撒在育苗池上，密度为 3~5 克/米^2，在育苗盘表面覆盖一层透明薄膜，播种一周后每隔 3 天浇水一次，控制空气温度 20~35℃、湿度为 60%~80%，在种子萌发的 5 个阶段控制不同的湿度和定期喷洒不同的营养液。

（6）壮苗：待白及幼苗长出 1 片真叶，每周喷洒磷酸二胺水溶液 2~3次，待白及幼苗长出 2 片真叶，将垄上的弓形塑料棚揭开 1/3，1~2 天后揭开 2/3，再过 1~2 天全部揭开，每天早晚各喷水 1 次并保持大棚内通风，空气温度超过 35℃给大棚搭上双层遮阳网，大棚内每月喷洒青霉素 1 次；待白及幼苗长出 4~5 片真叶，每隔 15 天喷洒营养液（甲壳素与菌毒导抗剂按照体积比为 2：1 混合）1 次。

（7）直播苗翌年移栽技术：将通过大田直播倒苗后的白及假鳞茎通过播撒的方式移栽至河沙、腐殖质与发酵过的鸡粪按体积比为 3：3：1 的基质上，控制大棚内的温度为 20~25℃、相对湿度为 40%~60%，每隔 15 天交替喷洒磷酸二氢钾水溶液和尿素水溶液 1 次。

三、栽培技术

（1）选地整地：选择适宜的阴坡生荒地，要求土壤肥沃、疏松而排水良好的沙质壤土或腐殖质壤土。翻耕 20 厘米以上，每亩施生物有机肥 1000 千克。再翻地使土和肥料拌均匀。栽植前浅耕一次，把土整细、耙平、作宽110~140 厘米的高畦。

（2）种茎移栽：分株繁殖种苗于 9~10 月，按株距 15 厘米，行距 25~30厘米开穴，穴深 10 厘米左右，将带嫩芽的假鳞茎带嘴向外放于穴底，每穴按三角形排放 3 个。每亩用种茎 50~100 千克。栽后盖有机肥拌草木灰一层，然后盖土与畦面齐平，再用稻草覆盖。

（3）幼苗移栽：组培幼苗经过 1~2 年炼苗培育的种子苗，于冬季或早春芽萌动前移栽。移栽时，胚芽或芽苞向上，胚根向下，且使根系舒展，盖土后，畦面覆盖稻草或锯木屑等，厚度以不露土为宜。种苗应随起随栽（图4-7 至图 4-9）。

（4）中耕除草：白及在田间管理除草要求很严格，种植好后出苗前要除尽草。白及地易滋生杂草，一般每年除草 3~4 次，第一次在 4 月左右白及苗出齐后，第二次在 6 月白及生长旺盛期，第三次在 8~9 月，第四次可在间种作物收获时结合清洁田园。中耕宜浅，以免伤根。在 5~6 月白及生长得很旺盛，杂草也长得很快，可适当加大除草力度。

（5）追肥与需肥规律：白及是喜肥的植物，每个月喷施一次专用叶面肥，7~8 月停止生长进入休眠，停止施肥但是要防止杂草丛生。

通过不同微肥施用量对白及生长发育的影响研究，确定适宜的微肥施用量，施用锌肥 15 千克/公顷、硼肥 15 千克/公顷、钼酸铵 0.15 千克/公顷、氮肥 75 千克/公顷，白及品质最优，产量最高达 3 551.85 千克/公顷。为白及人工驯化栽培技术提供科学依据。

（6）灌溉和排水：白及喜阴，经常保持湿润，干旱时要浇水。白及又怕涝，大雨及时排水避免伤根。白及覆膜栽培：通过覆盖地膜，防草保湿，可减少白及栽培草害的发生，降低人工除草成本，具有良好的应用价值（图4-10）。

图 4-7　白及幼苗移栽　　　　　图 4-8　白及分株栽培出苗情况

图 4-9　白及栽培大田　　　　　图 4-10　白及覆膜栽培

四、病虫草害防控

白及病虫害多发生在夏季高温雨水天气。做好植物检疫工作，以农业防治为主，加强生物及物理防治，化学防治为辅，搞好综合防治。

主要病虫害有：茎腐病，根腐病，锈病，地老虎，金针虫（图4-11至

图 4-12）。可采用植物源农药防治病虫害。即把苦参叶、博落回叶等按比例混合后堆积发酵，经发酵处理后的混合物，施撒在白及植株的周围，同时也可采用苦参、烟草、野菊花叶按照比例制成混合煎液，选择晴天用喷雾器进行叶面喷洒，来杀菌防病及灭虫防虫。

黑斑病可用 70% 甲基托布津湿性粉剂 1000 倍液喷洒，其他病害或虫害采用相应的药剂进行防治。

白及锈病：锈病主要为害叶片，发病时可见叶背面有黄色隆起斑点，呈铁锈状，使用锈病防治药剂敌锈钠等可以在一定程度上防控该病害。研究表明，经过敌锈钠防治，白及苗保存率高，是一种很好的针对白及苗期锈病的防治药剂，可在生产中推广应用。此外，粉锈宁乳油防治效果也不错，且粉锈宁为内吸性杀菌剂，具有保护和治疗作用，持效期较长，在低剂量下就能达到明显的药效，可以在产区推广使用。

图 4-11　白及病害　　　　　　图 4-12　白及根腐病

第四节　采收与产地加工技术

一、采收技术

白及种植 3~4 年后，9~11 月地上茎枯萎时开始采挖，除去杂草，清理栽培地，用尖锄离植株 40~50 厘米处逐步向中心处挖取，挖出块茎（勿挖破），块茎去掉泥土，单个摘下，选留新秆的块茎作种用，其余用来加工。

二、加工技术

将采回的白及块茎清理须根，在清水中浸泡 1 小时后，洗净泥土，撞去外皮，可采用以下 2 种方法加工。一是笼蒸法，将有空蒸笼的锅内水以大火烧沸，将白及放进蒸笼里蒸 15 分钟，以蒸至刚熟过心为度。取出，放于烘烤架上烘烤。烘烤温度保持 55~60℃，经常翻动。也可白天曝晒，夜晚再烘烤。二是水煮法，把白及投入沸水中煮 10~15 分钟，以熟过心为宜。捞出，沥干水，烘烤。烘烤方法与笼蒸法相同。烘干过程中筛去杂质，去净粗皮及须根，烘至全干。一般每亩采收鲜品 300~600 千克，可加工 80~200 千克。

成品质量要求：呈不规则扁圆形，常有 2~3 个爪状分歧，略似棱角状，长 1.5 ~4 5 厘米，厚 0.5 ~1.5 厘米。表面灰白色或淡灰黄色，有细微纵皱纹，环节明显，棕色，茎痕及须根均明显可见。质坚硬，不易折断。断面类白色，呈角质状半透明，有维管束小点散列。无臭，味淡而微苦，嚼之有黏性。以个大、饱满、色白、半透明、质坚实者为佳。

储藏方法：加工好的白及，如不能及时出售，就必须妥善贮藏好。贮藏方法：用无毒塑料袋或其他能密闭又不易吸潮的器具密封后，放在通风、干燥处保管，防止回潮霉变，以免影响质量，30~45 天要检查翻晒 1 次。

第五节　产品综合利用

白及作为传统中药入药，其主要功能是敛疮止血、补肺、消肿生肌等。随着研究的不断深入，白及用途越来越广泛。在生物医药、保健食品、纺织印染、特种涂料和日用化工等方面有巨大的商业利用价值。

第六节　典型案例

慈利武陵山中药材种植专业合作社注册于 2014 年，主要致力于武陵山珍稀中药材的组织培养、优选育苗、科学种植和加工。基地位于武陵山脉的腹心地段——湖南张家界市慈利县阳和乡。合作社是湖南省中药材产业协会、湖南省中药材产业技术创新战略联盟理事单位、湖南省中药材产业协会种子种苗专业委员会"发起单位之一。现在已经建成了 1 个珍稀中药材种苗组培室、4 个育苗基地和种植基地，基地荣获"国家中药材产业技术体系湘西试验站——中药材科技创新示范基地"，2018 年荣获"湖南省农民林业专业合作社示范社"。

合作社有 600 多亩中药材种植基地、100 多亩育苗基地、年生产种苗 9000 万株。2012 年起，自主研发出了武陵山区 11 种珍稀中药材的组织培养、优选育苗技术，其中白及、见血青等研究成果受到国内多家野生植物研究所的肯定，与中国科学院武汉植物园进行过合作。

一、组织培养技术

2012 年，自筹资金建成了张家界珍稀中药材实验室，组培室、接种室、灭菌室一应俱全，尝试了多次试验，最终确立 13 种组织培养的培养基配方，建成了武陵山道地中药材保种、选优基地，先后花了 70 多万元组建了组培室。

以白及为例，最初，优选武陵山白及假鳞茎芽端，在超净工作台进行全面消毒杀菌处理，无菌接种到灭菌后的培养基玻璃瓶中，在组培室 LED 灯管下培养，外植体中的活细胞经诱导，恢复其潜在的全能性，转变为分生细胞，继而其衍生的细胞分化为薄壁组织而形成愈伤组织。改变配方，经过继代、增殖培养、诱导器官再生形成植株。出瓶驯化前，还需要改变一次配方，让白及假鳞茎生根、带芽，有利于白及离开温室后，在自然界迅速生长。

二、种子直播技术

白及种子在自然环境下很难出苗，因为白及果荚里的种子没有胚乳。改进方法：在大棚里先垫上防草布，铺上高温杀菌后的有机肥，拌匀岩沙，顶层铺上一层 3 厘米改良基质，方便灰尘一样的种子着床，再添加自制的育苗营养粉，获得直播种苗。这种技术最关键环节是基质和后期生病的管理，虽然大棚和基质成本较高，但总体可以降低很多成本，并且能获得数量可观的种苗。

三、种植技术

关键时期，每个节点都会和种植户沟通交流，帮助其增加产量。进行标准整地、统一种苗、统一栽种、统一管理、统一采收、统一销售的模式。

白及、黄精是武陵山道地中药材基地主要品种。通常实行林下种植，或玉米间作。

第五章
白术

宋荣

第一节　植物简介

一、基源植物及主要栽培品种

《中华人民共和国药典》（2015版一部）规定中药材白术（bái zhú）为菊科 (Compositae) 苍术属 (*Atractylodes*) 植物白术（*Atractylodes macrocephala* Koidz.，别名：山蓟、杨枹蓟、术、山芥、天蓟、山姜、山连、山精、乞力伽、冬白术）等的干燥根茎，具有健脾益气，燥湿利水，止汗，安胎的功效，常用于脾虚食少，腹胀泄泻，痰饮眩悸，水肿，止汗，胎动不安。

白术主产于浙江、湖南、江西、湖北、河北、山东、河南、陕西等省。白术是我国传统常用中药材，被医家称为八大要药，具有悠久的生产栽培和应用历史，原名"术"，包括苍术在内。《尔雅》等古籍中有记载。药用最早见于战国时期《五十二病方》载，以术等二味药煮水二斗成汤，药浴法治疗，对炙疡有治疗作用。康熙年间由浙江于潜引入江西，十八世纪中叶传入湖南。白术还是我国中药材出口创汇的重要品种之一。

二、特征特性

白术为多年生草本，高 20~60 厘米，根状茎结节状。茎直立，通常自

图 5-1 白术植株

图 5-2 白术饮片

中下部长分枝，全部光滑无毛。中部茎叶有长 3~6 厘米的叶柄，叶片通常 3~5 羽状全裂，极少兼杂不裂而叶为长椭圆形的。侧裂片 1~2 对，倒披针形、椭圆形或长椭圆形，长 4.5~7 厘米，宽 1.5~2 厘米；顶裂片比侧裂片大，倒长卵形、长椭圆形或椭圆形；自中部茎叶向上向下，叶渐小，与中部茎叶等样分裂，接花序下部的叶不裂，椭圆形或长椭圆形，无柄；或大部茎叶不裂，但总兼杂有 3~5 羽状全裂的叶。全部叶质地薄，纸质，两面绿色，无毛，边缘或裂片边缘有长或短针刺状缘毛或细刺齿。头状花序单生茎枝顶端，植株通常有 6~10 个头状花序，但不形成明显的花序式排列。苞叶绿色，长 3~4 厘米，针刺状羽状全裂。总苞大，宽钟状，直径 3~4 厘米。总苞片 9~10 层，覆瓦状排列；外层及中外层长卵形或三角形，长 6~8 毫米；中层披针形或椭圆状披针形，长 11~16 毫米；最内层宽线形，长 2 厘米，顶端紫红色。全部苞片顶端钝，边缘有白色蛛丝毛。小花长 1.7 厘米，紫红色，冠檐 5 深裂。瘦果倒圆锥状，长 7.5 毫米，被顺向顺伏的稠密白色的长直毛。冠毛刚毛羽毛状，污白色，长 1.5 厘米，基部结合成环状。花果期 8~10 月（图 5-1）。

三、区域分布

白术喜凉爽气候，怕高温高湿。在我国分布范围较广，在浙江、湖南、河北、河南、江西、安徽、四川、江苏、湖北等地有栽培，但在江西、湖南、浙江、四川有野生，野生于山坡草地及山坡林下。模式标本采自日本栽培类型，但日本无野生类型。日本的白术是十八世纪由我国引入作生药栽培的。

白术亦有众多的商品化名称，如根据生药的根状茎形状，或鹤形术或金线术，或白术腿；按产地取名，如平术、徽术；按根状茎出土季节取名，如冬术（图5-2）。

第二节　产业现状

一、产业规模

湖南省平江县、龙山县、祁东县是我省白术种植的主产区。其中，平江县产白术因挥发油含量高，在国内白术中首屈一指，被称为"南方人参"，业界号称"平术"，北京同仁堂药材有限责任公司亦成立了北京同仁堂平江白术有限责任公司重点开发白术产品；湖南绿佰珍药业发展有限公司在祁东县发展推广白术种植上千余亩，龙山县因湘西地区独特的气候环境，所产白术品质佳，深受药商喜爱，产量和价格相对稳定。

二、产业发展面临的主要问题

湖南省白术种植历史悠久，积累了一定的经验，但缺少系统的研究。我省白术种植存在的主要问题有：①新品种选育缺乏；②关键种植技术落后；③采收加工技术粗犷；④新产品开发不足；⑤品牌建设不足。这些因素导致目前湖南省白术种植连作障碍严重、抗病性强的品种少，种植过程中病虫害发生严重，大面积死亡，严重地打击了老百姓的种植积极性，制约了我省白术产业的发展。

三、产业可持续发展对策

（一）资源保护与新种质的选育

对我省白术资源开展系统的研究，建立白术资源圃，并开展适用性评价和新品种选育，选育出抗病性强、有效成分含量高，适合我省大面积种植的白术新品种。

（二）开展连作障碍消减技术的研究

目前，连作障碍已成为白术种植最大的问题，开展连作障碍消减技术的研究，降低病虫害对白术种植生产的影响，提高农户的种植积极性。

（三）加工技术提升

制订白术初加工技术规程对白术加工过程进行规范，提升白术产品的品质；开展白术化学成分的分析与功能性应用的研究，开发出具有保健作用的新型功能性产品，提升白术的经济价值。

（四）加强品牌建设

白术为我省道地药材，在国内外享有一定的知名度，政府应加大宣传，同时也应加强对从事白术产业基础较好的企业的支持，给予一定的资金和政策重点培养，培育成龙头企业，从而带动白术产业发展。

第三节　高效栽培技术

一、产地环境

白术喜阴凉的环境，适宜生长的日平均温度为22~28℃，栽培地应避免长日照，日照时数以每天6~7小时为宜，相对湿度为75%~85%；另产地环境要避开废气、废水、废渣等污染源。

白术对土壤适应性强，对土壤要求低，酸性的黏壤土、微碱性的沙质壤土都能生长，以排水良好的沙质壤土为好。土壤过黏、土壤透气性差易发生烂根现象，不宜在低洼地、盐碱地种植。育苗地最好选用坡度小于

15°~20° 的阴坡生荒地或撂荒地,以较瘠薄的地为好,地过肥则白术苗枝叶过于柔嫩,抗病力减弱。

二、种苗繁育

(一)选地

选择高燥、土层深厚、排水良好、疏松肥沃的砂质壤土。育苗地忌连作,一般间隔 3 年以上。不能与白菜、玄参、番茄等作物轮作,前作以禾本科为好。

(二)整地

播种前一个月翻土,深度 30 厘米,翻耕时按亩施入充分腐熟的农家肥1500 千克,钙镁磷肥 40~50 千克,并撒施适量焦泥灰,均匀翻入沟中。经精耕细耙后,做成高 20~30 厘米,宽 120~130 厘米的苗床。

(三)选种

选择色泽发亮、颗粒饱满、大小均匀一致的种子,可通过水选或风选(图 5-3)。选好的种子在播前晒种 2~3 天,宜摊在席上或竹匾上晒,铺开厚度 1 厘米左右,每隔 2~3 小时翻动一次,使种子受热均匀。

(四)浸种催芽

用 50% 多菌灵可湿性粉剂 500 倍液浸种 30 分钟,然后取出用清水冲洗干净,晾至种子表面无水即可,再将种子放入 25~30℃的温水中浸泡 12 小时,捞出种子,用布袋或麻袋装好,置于 25~30℃的室内 4~5 天,每天早晚用温水冲淋一次,以排出有害物质,室内要保持通风。

图 5-3 白术种子(药米)

(五)播种

3 月下旬至 4 月上旬播种,在整好的畦面上开横沟进行条播,行距

15~20 厘米，播幅 7~10 厘米，沟深 3~5 厘米，将已催芽的种子播入沟内，覆土厚度约 3 厘米，盖没种子，最后盖草，保持湿润。用种量为 5~8 千克/亩。

（六）苗期管理

播后 7~10 天出苗，幼苗出土后揭去盖草。结合中耕除草进行间苗，苗高 7 厘米左右时，按株距 3~5 厘米间苗。当幼苗长出 2~3 片真叶时，结合中耕除草进行第一次追肥，按每亩施人粪尿 1500 千克，或尿素 5 千克对水泼浇一次，并施草木灰 50 千克。6 月上旬防治白术铁叶病，用 70% 多菌灵1000 倍液喷雾白术苗，7~10 天一次，连续 3~4 次。7 月下旬进行第二次追肥，施人粪尿 2000~2500 千克/亩。遇干旱要及时浇水，雨季要及时疏沟排水。花期及时剪去抽出的花蕾。

（七）起苗

当年 11 月下旬，选晴天将子药（术栽）及时挖出，剪除茎叶和须根，选背风的房间将子药铺在地面，铺一层子药盖一层生黄泥土；大田定植时再挖出，筛去泥土，备用（图 5-4）。

图 5-4　白术种苗

三、移栽与定植

（一）子药准备

选择个体适中、表皮清秀、健壮、无病虫害的本地生产的子药（每个重

5~8 克）作种源。

（二）大田翻耕整地

选择 2 年以上未栽培过白术的水田或 3 年以上未栽培过白术、茄科、菊科类作物的土壤，板页岩形成的土壤为好，于前一年的 11 月下旬至 12 月中旬翻耕晒土。12 月下旬耙细、整平、开沟分厢，采用深沟窄畦，防渍水，确保雨住田干。

（三）合理施肥

在整平后的厢面上做垄、施肥，每公顷施入畜粪或沼肥 1500 吨，复合肥（N∶P∶K=15∶15∶15）100 千克，过雨后再定植。

（四）合理定植

1 月初至 2 月底都能定植，以 1 月 20 日至 2 月 10 日定植为最适宜。每公顷大田以定植 10500~12000 株为宜，一般为 20 厘米×30 厘米，做到大小子药分开定植，大子药适当偏稀，小子药适当偏密。

（五）覆盖与中耕

定植时，子药要与肥料隔开（俗称破间），定植深度以 7~8 厘米为好；定植后盖一层 2 厘米厚的生黄泥土或用稻草、茅草覆盖（厚度以不见泥为准）；中耕结合除草进行浅耕，及时清除沟边和厢面杂草。

（六）追肥

苗肥，4 月中旬至 5 月上旬，施稀薄人粪尿一次，每公顷 7500 千克。

现蕾肥，一般在盛花期每公顷施人粪尿 15000 千克，过磷酸钙 450 千克。施肥时应在早晨露水干后结合中耕除草在株距间开小穴施肥，施后覆土。

（七）排灌

白术性喜干燥凉爽的气候，忌高温多雨，种植时须注意做好排水工作。排水不畅，致田间积水，易得病害和死苗，因此要注意挖沟、理沟和雨后及时排水。8 月下旬根状茎膨大明显，水分需求增加，如久旱需适当浇水，保持田间湿润，否则影响产量。

（八）摘除花蕾

7月中旬至8月上旬，白术开始现蕾后分3次摘除花蕾，减少生殖生长对养分的消耗，促进地下根茎膨大。摘蕾时一手捏住茎秆，一手摘花，须尽量保留小叶，防止摇动植株根部，亦可用剪刀剪除。摘蕾在晴天，早晨露水干后进行，以防雨水浸入伤口，引起病害或腐烂。

（九）选留良种

在白术摘除花蕾前，选择术株高大、上部分枝较多、健壮整齐、无病虫害的术株留种用，每株花蕾早而大的几朵花作种，剪去结蕾迟而小的花蕾。立冬后，待术株下部叶枯老时，连茎割回，挂于阳光充足的地方，10~15天后脱粒，装在布袋或纸袋内贮存于阴凉通风处。如果留种数较多，不便将茎秆割回，可只将果实采摘收回放于通风阴凉处，干后将种子打出贮存，备播种用。

四、病虫草害防控

白术病虫害比较严重，病害有立枯病、铁叶病、锈病、根腐病、黑斑病、白绢病、花叶病等，尤其以白绢病、根腐病、立枯病、铁叶病发生较为普遍；虫害方面主要有地老虎、蛴螬、术蚜，其中以地老虎、蛴螬为害最严重。

（一）白术白绢病

白绢病俗称"白糖烂"，由真菌半知菌亚门齐整小核菌侵染所致，是一种腐生性很强的土壤习居菌，湿热条件下生长活跃，1891年在美国佛罗里达州首次报道。白绢病在热带和亚热带多雨地区，我国南方地区发生普遍，为害较重。病菌主要侵染植株根茎部，植株染病后，茎基和根部皮层出现黄褐色至褐色软腐，水分和养分的运输通道被阻断，叶片逐渐萎蔫黄化，顶尖凋萎、下垂而枯死。白绢病侵染有干腐和湿腐两种症状。在较低温度和干燥条件下，病株根茎腐蚀仅存导管纤维，呈"乱麻状"干腐；在高温高湿下，菌丝蔓延较快，白色菌丝布满根茎，并溃烂成"烂薯"状湿腐。后期受害植株地上部分逐渐萎蔫死亡。当温湿度适宜时，根茎内的菌丝穿出土层，向四周土表蔓延，并产生许多油菜籽大小的菌核。菌丝呈白色绢丝状，具光泽。菌核初为乳白色或米黄色，后变为茶褐色。

病菌寄主范围很广，除白术外，玄参、桔梗、太子参、地黄、黄连、绞股蓝、丹参等药用植物都可受其为害。病菌主要以菌核在土壤中或附着在病残体上越冬，也能以菌丝体在种栽或病残体上越冬。菌核可在土壤中存活5~6年，且仍具有较强的侵染力。因此，多年连作会加重白绢病的发生。菌核随水流、病土或混杂在种子中传播。带菌种栽栽植后发病，发展成为田间中心病株。菌丝能沿着土壤缝隙蔓延为害邻近植株。病菌喜高温、高湿的环境，高温多雨易造成病害流行。最适发病温度为30~35℃，通气好、低氮的沙壤土发病重。在浙江常年于4月下旬开始发病，6~8月高温多雨季节为发病盛期。

防治方法：①与禾本科作物轮作；②选用无病害种栽，并用50%退菌特1000倍溶液浸种后下种；③栽种前每公顷用15千克五氯硝基苯处理土壤；④及时挖出病株，并用石灰消毒病穴；⑤用50%多菌灵或50%甲基托布津1000倍液浇灌病区。

（二）白术根腐病（图5-5）

白术根腐病为维管束系统性病害。白术受害后，病株细根首先呈黄褐色，随即变褐色而干瘪，然后蔓延到粗根和肉质根茎。病菌也可直接侵入主根，主根感染后，维管束变褐，继续向茎秆蔓延，使整个维管束系统发生褐色病变，呈现黑褐色下陷腐烂斑。后期根茎全部变海绵状黑褐色干腐，皮层和木质部脱离，仅残留木质纤维及碎屑。根茎发病后，养分运输受阻，地上部枝叶萎蔫。检视根茎和主茎横切面可见维管束呈明显褐色圈。最后，白术叶片全部脱落而成光秆，病株易从土壤中拔起。各产区发生较普遍，严重发生年份产量损失可达50%以上，并使产品质量明显下降。

此病由真菌半知菌亚门尖孢镰刀菌侵染所致，也有报道称其为多种镰刀菌复合侵染所致。病菌以菌丝体在种苗、土壤和病残体中越冬，成为翌年病害的初侵染来源。病菌借助风雨、地下害虫、农事操作等传播为害，通过虫伤、机械伤等伤口侵入，也可直接侵入。种栽贮藏过程中受热使幼苗抗病力下降，是病害发生的主要原因。土壤淹水、黏重或施用未腐熟的有机肥造成根系发育不良，以及由线虫和地下害虫危为产生伤口后易发病。生产中后期如遇连续阴雨以后转晴，气温升高，则病害发生重。在日平均气温16~17℃时便开始发病，最适温度是22~28℃。在浙江常年于4月中下旬开始发病，6~8月为发病盛期，8月以后逐渐减轻。发病期间雨量多、相对湿度大是病害蔓延的重要条件，蛴螬等地下害虫及根结线虫为害会加剧白术根腐病的发生。

防治方法：①和禾本科轮作；②选用无病健壮的作种，并用50%退菌特1000倍液浸3~5分钟，晾干后下种；③发病期用50%多菌灵或50%甲基托布津1000倍液浇灌病区。

图5-5　白术根腐病

（三）白术立枯病

立枯病为白术苗期的重要病害，俗称"烂茎瘟"。常造成烂芽、烂种，严重发生时可导致毁种。未出土的幼芽、幼苗及移栽后的大苗均能受害，主要侵染植株根尖及根茎部的皮层。幼苗受害后，初始在近地表的茎基部出现水渍状的暗褐色病斑，略具同心轮纹。发病初期，染病幼苗白天叶片萎蔫，夜间恢复正常，病斑逐渐扩大、凹陷；当病斑绕茎1周后，茎部坏死，并缢缩成线状（俗称"铁丝茎"）。随后植株地上部分萎蔫，倒伏死亡。严重发生时，常造成幼苗成片死亡，甚至导致毁种。有时贴近地面的潮湿叶片也可受害，叶缘产生水渍状深褐色至褐色大斑，整张叶片很快腐烂、死亡。在高湿条件下，病部会产生淡褐色蛛丝状霉（即病菌的菌丝）以及大小不等的小土粒状的褐色菌核，从而有别于白绢病与根腐病。此病由真菌半知菌亚门立枯丝核菌侵染所致。病菌寄主范围广，可侵害多种药材以及茄果类、瓜类等农作物。病菌以菌丝体或菌核在土壤中或病残体上越冬，可在土壤中腐生 2~3 年。环境条件适宜时，病菌从伤口或表皮直接侵入幼茎、根部引起发病，通过雨水、浇灌水、农具等传播为害。病菌喜低温、高湿的环境，发育适温为 24℃，最高 40~42℃，最低 13~15℃，适宜 pH 值 3~9.5。早春播种后若遇持续低温、阴雨天气，白术出苗缓慢，则病害易流行；多年连作或前茬为易感病作物时发病重。

防治方法：①土壤消毒，种植前每公顷用五氯硝基苯处理土壤；②发病期用五氯硝基苯 200 倍液浇灌病区。

（四）白术铁叶病

白术铁叶病，俗称"癞叶"。此病发生普遍，主要为害叶片，也可为害茎秆及术蒲，常造成叶片早枯，导致减产。初期在叶片上出现黄绿色小斑点，扩大后形成铁黑色、铁黄色或褐色病斑。病斑有时近圆形，常数个病斑连成一大斑，因受叶脉限制呈多角形或不规则形，多自叶尖及叶缘向内扩展，严重时病斑相互汇合布满全叶，使叶片呈现铁黑色。后期病斑中心部灰白色或褐色，上生大量小黑点，即病原菌的分生孢子器。病斑从基部叶片开始发生，逐渐向上扩展至全株，白术叶片枯焦并脱落。茎秆受害后，产生不规则形铁黑色病斑，中心部灰白色，后期茎秆干枯死亡。苞片也产生近似的褐斑。病情严重时在田间呈现成片枯焦，颇似火烧，药农又称其为"火烧瘟"。

此病由真菌半知菌亚门白术壳针孢菌侵染所致。病菌主要以分生孢子器和菌丝体在病残体及种栽的叶柄残基上越冬，成为次年病害的初侵染源。翌春分生孢子器遇水滴后释放出分生孢子，借助水滴飞溅传播，从叶片气孔侵入引起初侵染；病斑上产生新的分生孢子器和分生孢子，又不断引起再侵染，扩大蔓延。雨水淋溅对病菌的近距离传播起主导作用，种栽带菌造成病菌的远距离传播。病害发生期长，流行需要较高的湿度。在湿度较高的情况下，10~27℃温度范围内都能引起为害，雨水多、气温骤升骤降时发病重，干燥条件下病害发展受到抑制。长江中下游地区常年从 4 月下旬开始发病，6~8 月为发病盛期，雨季发病重，一直延续到收获期均可发病。

防治方法：①清理田间卫生，烧毁残株病叶；②发病初期喷 1∶1∶100 波尔多液或 50% 退菌特 1000 倍液，7~10 天 1 次，连续 3~4 次。

（五）白术锈病

白术锈病，俗称"黄斑病""黄疸"，是白术生产上重要的叶部病害之一。发病初期叶片上出现失绿小斑点，后扩大成近圆形的黄绿色斑块，周围具褪绿色晕圈，在叶片相应的背面呈黄色杯状隆起，即锈孢子腔，当其破裂时散出大量黄色的粉末状锈孢子；最后病斑处破裂成穿孔，叶片枯死或脱落。叶柄、叶脉的病部膨大隆起，呈纺锤形，同样生有锈孢子腔，后期病斑变黑干枯。

此病由真菌担子菌亚门双胞锈菌侵染所致。白术是中间寄主，目前对其冬孢子的形成及越冬场所不详。在浙江常年于 5 月上旬开始发病，5 月下旬至 6 月下旬为发病盛期。夏季，骤晴骤雨是白术锈病迅速发展、蔓延的重要因素。

防治方法：①打扫田间卫生，烧毁残株病叶；②发病初期用石硫合剂喷施，7~10 天 1 次，连续 2~3 次。

（六）地老虎

白术苗出土后至 5 月，地老虎为害最严重，一般以人工捕杀为主。术苗期，每日或隔日巡视术地，如发现新鲜苗和术叶被咬断过，在受害术株上面有小孔，可挖开小孔，依隧道寻觅地老虎的躲藏处，进行捕杀。至 6 月后术株稍老，地老虎为害逐渐减轻。

（七）术蚜

在 3 月下旬至 6 月上旬（春分至芒种）为害最严重。

防治方法：用鱼藤精 1 份加水 400 份，于充分搅匀后，在清晨露水干后喷射，效果良好。

（八）术籽虫

术籽虫属鳞翅目螟蛾科，为害白术种子。

防治方法：①水旱轮作；②冬季深翻地，消灭越冬虫源；③白术初花期，成虫产卵前喷 50% 敌敌畏 800 倍液，7~10 天 1 次，连续 3~4 次；④选育抗虫品种，选阔叶矮秆型白术，能抗此虫。

（九）蛴螬

从立夏至霜降期间，白术收获前，均有为害，在小暑至霜降前为害最严重。

防治方法：①人工捕杀。在 9~10 月间早翻土，此时，蛴螬还未入土深处越冬，在翻土时应进行深翻细捉；②用桐油、硫酸铜（俗称"胆矾"）防治。在摘除花蕾后，结合第三次施肥时，每担粪水加桐油 200~300 克施下防治。

第四节　采收与产地加工技术

一、采收技术

采收期在定植当年 10 月下旬至 11 月上旬（霜降至冬至），茎秆由绿色转枯黄，上部叶已硬化，叶片容易折断时采收。要防止冻伤，选择晴天、土质干燥时挖出。

二、加工技术

白术收获后要及时烘干或晒干，除去须根，不能堆放太久，否则块茎内

淀粉糖化后，烘干时体内糖分易焦枯，使体内呈棕黑色，影响品质。烘干的成品称"烘术"，晒干的成品称"晒术"，日晒受天气条件的影响较大，因而通常用火烘法来加工。

火烘法即将挖回的白术根茎，经初步清洗除泥，倒入烘箱内。用木柴火烘至白术表皮发热，再慢慢减弱火势，烘至半干时，可取出剪尽茎秆，用力翻动，让须根脱落。并按大小分档，继续烘至八成干时，将术块移放至竹筐内，堆放约一周时间，让水分逐渐外渗，表皮变软，再继续用文火复烘，温度控制在 40~50℃。烘干即为成品。

三、包装

干燥后，及时包装，包装袋必须符合美观、新颖、防伪标准高，标注产地等，以确保白术的质量。

第五节 产品综合利用

白术为我国传统大宗中药材，疗效好，用量大，具有滋补作用。白术有补气健脾之效。配伍人参或者党参、茯苓、甘草等同用，治疗脾气虚弱，食少神疲，以益气健脾；配伍人参或者党参、干姜等同用，治疗脾胃虚寒，腹满泄泻，以温中健脾；配伍枳实同用，治疗脾虚而有积滞，脘腹痞满，以消补兼施。白术既可补气健脾，又能燥湿利水，故用之甚宜。常配伍茯苓、桂枝等同用，治痰饮，如苓桂术甘汤，以温脾化饮；治水肿常与茯苓、泽泻等同用，如五苓散或者四苓散等，以健脾利湿。白术单用或者散服，或配伍黄芪、浮小麦等同用，能补脾益气，固表止汗。白术配伍砂仁同用，有补气健脾，安胎之功。因此，除了开发现有的白术饮片和药品外，利用白术健脾补气的功效开发白术药膳、白术茶等不失为拓宽白术产品市场的好途径。

第六章
葛

彭斯文

第一节　植物简介

葛〔*Pueraria montana* (Willd.) Ohwi〕为豆科（Leguminosae）葛属（*Pueraria* DC.）多年生落叶藤本植物。为药材葛根基源植物；葛根：秋、冬两季采挖，趁鲜切成厚片或小块，干燥。具有解肌退热，生津止渴，透疹，升阳止泻，通经活络，解酒毒等功效。用于外感发热头痛，项背强痛，口渴，消渴，麻疹不透，热痢，泄泻，眩晕头痛，中风偏瘫，胸痹心痛，酒毒伤中。

一、基源植物及主要栽培品种

葛属植物全世界约 20 种，中国是葛属植物的分布中心，《中国植物志》（1995 年版）记载了中国有豆科葛属植物 8 个种和 3 个变种；吴德邻，顾志平等认为，国产葛属植物约 11 种 (9 种 2 变种)，《中国植物志》英文修订版 *Flora of China* 记载葛属植物为 13 种（10 种 3 变种）。分别是葛（*P. montana*）、葛（原变种）（*P. montana* var. *montana*）、葛麻姆（*P. Montana* var. *lobata*）、粉葛（*P. montana* var. *thomsonii*）、食用葛（*P. edulis*）、密花葛（*P. alopecuroides*）、苦葛（*P. peduncularis*）、三裂叶葛（*P. phaseoloides*）、黄毛萼葛（*P. calycine*）、须弥葛（*P. wallichii*）、贵州葛（*P. bouffordii*）、云南

葛（*P. xyzhui*）和小花野葛（*P. stricta*）。其中葛及其变种的分布最广、产量最高，是我国药食两用葛根主要来源。

葛及其变种在栽培过程中培育了一系列品种，湖南已进行品种登记的有"葛之星1号""湘葛1号""湘葛2号""安锦1号"等系列品种。据统计，全国已有42个葛根栽培品种，如江西农业大学培育的"赣葛3号""赣葛5号""赣葛7号"；江西上饶新田园公司培育的"葛博士1号"；江西横峰的"横葛1号、2号、3号、4号、5号""木生葛根""春桂葛根"；江西德兴的"宋氏葛根"；西北农林科技大学培育的"太白葛根"；湖北龙图葛业有限公司通过引进品种与大别山野生葛进行多元杂交优选培育出的龙图系列品种"龙图1号、2号、3号"；广西柳州的"广西85–1号"；河南新乡的"速生葛根119"；国外引进的优良品种"美国黄金葛"；等等。

二、特征特性

（一）植物形态

葛植株粗壮，藤本，长可达8米，全体被黄色长硬毛，茎基部木质，有粗厚的块状根。羽状复叶具3小叶；托叶背着，卵状长圆形，具线条；小托叶线状披针形，与小叶柄等长或较长；小叶三裂，偶尔全缘，顶生小叶宽卵形或斜卵形，长7~15（~19）厘米，宽5~12（~18）厘米，先端长渐尖，侧生小叶斜卵形，稍小，上面被淡黄色、平伏的疏柔毛。下面较密；小叶柄被黄褐色茸毛。总状花序长15~30厘米，中部以上有颇密集的花；苞片线状披针形至线形，远比小苞片长，早落；小苞片卵形，长不及2毫米；花2~3朵聚生于花序轴的节上；花萼钟形，长8~10毫米，被黄褐色柔毛，裂片披针形，渐尖，比萼管略长；花冠长10~12毫米，紫色，旗瓣倒卵形，基部有2耳及一黄色硬痂状附属体，具短瓣柄，翼瓣镰状，较龙骨瓣为狭，基部有线形、向下的耳，龙骨瓣镰状长圆形，基部有极小、急尖的耳；对旗瓣的1枚雄蕊仅上部离生；子房线形，被毛。荚果长椭圆形，长5~9厘米，宽8~11毫米，扁平，被褐色长硬毛。花期9~10月，果期11~12月。

（二）生长习性

葛生于丘陵地区的坡地上或疏林中，分布海拔高度300~1500米处。葛喜温暖湿润的气候，喜生于阳光充足的阳坡。常生长在草坡灌丛、疏林地及林缘等处，攀附于灌木或树上的生长最为茂盛。对土壤适应性广，除排水不良的黏土外，山坡、荒谷、砾石地、石缝都可生长，而以湿润和排水通畅的土壤为宜。耐酸性强，土壤pH值4.5左右时仍能生长。耐旱，年降水量500毫米以上的地区可以生长。耐寒，在寒冷地区，越冬时地上部冻死，但地下部仍可越冬，第二年春季再生。

（三）药材特性

葛根中药饮片呈纵切的长方形厚片或小方块，长5~35厘米，厚0.5~1厘米，外皮淡棕色，有纵皱纹，粗糙。切面黄白色，纹理不明显。质韧，纤维性强。气微，味微甜。干燥块根呈长圆柱形，药材多纵切或斜切成板状厚片，长短不等，长20厘米左右，直径5~10厘米，厚0.7~1.3厘米。白色或淡棕色，表面有时可见残存的棕色外皮，切面粗糙，纤维性强。质硬而重，富粉性，并含大量纤维，横断面可见由纤维所形成的同心性环层，纵切片可见纤维性与粉质相间，形成纵纹。无臭，味甘。以块肥大、质坚实、色白、粉性足、纤维性少者为佳；质松、色黄、无粉性、纤维性多者质次。

三、区域分布

葛在我国的分布极广，除新疆、西藏未见报道外，几乎遍布全国各省区。粉葛次之。主要分布在云南、四川、贵州、江西、广东、广西等省区。葛属各种详细分布如表6-1，此外葛及葛属植物在日本全境，朝鲜半岛，东南亚的越南、印度、马来西亚等地也有分布。

表6-1　中国葛属植物的种类与分布

名称	分布	资源情况	利用状况
葛	全国大部分省、市、区	丰富、有少量栽培	根药用、偶食用

续表

名称	分布	资源情况	利用状况
粉葛	广西、广东、四川、云南	丰富、有栽培	根药用、食用
葛（原变种）	广西、广东、福建、云南、台湾	较丰富	根药用、食用
葛麻姆	广西、广东、福建、云南、台湾	较丰富	根药用、食用
食用葛	云南、湖南、四川、广西	较丰富	根药用、食用
贵州葛	贵州	较丰富	偶药用及食用
云南葛	云南	丰富	偶药用及食用
三裂叶葛	云南、广东、海南、广西和浙江	较丰富	偶药用
密花葛	云南南部	—	偶食用
苦葛	西藏、云南、四川、贵州、广西	较丰富	—
黄毛萼葛	云南	区域性分布	—
须弥葛	云南	区域性分布	—
小花野葛	云南	区域性分布	—

第二节　产业现状

一、产业规模

（一）栽培现状

20 世纪 90 年代初，我国葛的栽培仍处于野生或半野生状态。因国际市场对葛粉、葛异黄酮需求的增加，人们才认识到了葛根开发的价值，全国掀起了葛根开发的热潮。近年来，葛的人工栽培发展迅速，主要在两广、两湖、江西、福建及云贵一带有基地，初步统计为 50 万亩左右。

湖南省葛根产业起步较晚（从 20 世纪 90 年代中期开始），但发展迅速，无论是科研，还是企业和基地建设都走在全国的前列。目前，全省有从事葛加工企业 20 多家，几乎覆盖全省 14 个地州市，加工产值约 3 亿元，栽培面积达 5 万亩，主要分布在湘西的张家界、怀化，湘南的永州等地区。

（二）葛根淀粉与葛粉制成品的开发现状

葛的淀粉含量高，是一种优于一般谷物淀粉的营养独特、具有保健功能的绿色食品，在国际上享有"长寿粉"之美誉。我国葛根大部分用来制作淀粉。从表6-2可以看出，目前，我国的葛根淀粉生产企业主要分布在华南、中南、西南地区，尤其湖南省、江西省、安徽省等的葛根生产企业较为集中，其葛根淀粉除销往国内市场，还远销日本、东南亚和欧美国家。

表6-2　湖南及全国部分葛产业企业名录

企业名称	所在地	主营产品	商标品牌
中国葛粮生态农业控股有限公司	广西桂林市	葛粉	
湖北葛娃食品有限公司	湖北钟祥市	葛粉、葛粉片、葛根（花）茶、葛粉丝（面条）、葛饼干	葛娃、客店
达州市利根葛业有限责任公司	四川宣汉县	蔬菜葛、葛根膳食纤维饼、葛片、葛根方便面、葛粉丝	利根
四川省田野葛业开发有限公司	四川名山县	速溶葛粉、干葛片、葛花醒酒液及葛根黄酮、葛根素	
重庆葛粮农产品开发有限公司	重庆酉阳县	葛粉、葛根（花）茶	
江西横峰葛业开发有限公司	江西横峰县	葛根饮料	葛佬
江西省杨云科技有限公司	江西德安县	葛根饮料	葛鹿
江西德兴市宋氏葛业集团有限公司	江西德兴市	葛粉、葛花茶、葛粉丝	剑春
安徽省大别山葛业有限公司	安徽霍山县	葛花、葛根饮片、葛粉、葛根粉丝、面条	睡美女
云南沾益县福上福葛根酒业有限公司	云南沾益县	葛根酒	福上福
广西藤县绿野葛业有限公司	广西藤县	鲜葛、葛粉等	桂腾
湖南湘虹葛业股份有限公司	湖南怀化市	葛淀粉、葛面条、葛饮料等	大葛大
湖南省强生药业有限公司	湖南长沙市	葛根淀粉、葛胶囊	
永州大自然葛根产业开发有限公司	湖南冷水滩区	葛根粉、葛根保健酒、葛根粉丝、葛根口香糖、葛茶	情葛葛
张家界金秋农产品开发有限公司	湖南慈利县	葛粉、葛爽饮料	秋收、金秋葛

续表

企业名称	所在地	主营产品	商标品牌
张家界茅岩河绿色食品有限公司	湖南永定区	葛粉、葛根糖果等	茅岩河
娄底响莲实业发展有限公司	湖南冷水江	葛粉、葛营养面等	响莲
武冈市和鑫农产品有限责任公司	湖南武冈	葛根全（原）粉、葛粉丝等	成真、云都
张葛老产业集团	湖南怀化	葛根酒	张葛老
郴州开明农业科技有限公司	湖南郴州	葛根鲜品	
张家界湘阿妹食品有限公司	湖南张家界	葛根粉	湘阿妹
湖南舜宁农场	湖南宁远	葛根粉	

近年来，充分利用葛根淀粉加工成不同的健康食品不断增加，取得了可喜的成绩，如葛根挂面、葛根果冻、葛根奶等大众食品，及保健食品葛根饼干、葛根口服液、葛根饮料、葛根冰淇淋、葛根保健酒、葛根红肠等，深受欢迎。

（三）葛根功能成分应用现状

近年来，我国广大科研工作者针对葛根功能成分作用，在葛根异黄酮类化合物的提取以及应用方面取得了可喜的成绩。如葛根素，用于心肌梗死、冠心病、心绞痛、视网膜动静脉阻塞、突发性耳聋有很好的效果。葛根素浸膏粉可治疗外感发热头痛、颈背痛，消渴，麻疹不透，热痢，泄泻和高血压颈项强痛。愈风宁心片（组分葛根）对高血压头晕，头痛，颈项疼痛，冠心病，心绞痛，神经性头痛，早期突发性耳聋等症有好的疗效。心血宁片（组分葛根提取物）可用于冠状动脉硬化心脏病、心绞痛、高血脂及高血压引起的颈项强痛等症。

二、产业发展面临的主要问题

（一）优良品种缺乏

目前，我国葛制品的生产原料大部分来源于天然野生葛，优良品质选育工作相对滞后，虽登记不少品种，但一般以高产为选育目的，不能满足市场上对葛的不同需求，必须开展靶向育种研究。

（二）基地规模小，栽培技术落后

目前，我国葛根生产规范化生产基地不多，大多数仍处于收购野生葛进行加工。主要原因一是种苗繁殖的技术落后，种植投入成本较大，每亩需投入种苗1000元，经济条件差的农户发展葛根种植还有困难。二是在栽培上，都是粗放栽培，对栽培架式、肥水管理、病虫防治及整枝技术等缺乏系统研究，影响了葛根产量。

（三）加工技术与设备落后

以葛根淀粉生产为例，大多生产企业仍应用传统的加工方法，生产的速度慢，且质量不稳定，未能形成质的突破，远不适应市场的需求。产品精深加工开发不够，技术和产品逐步向高端发展，但仍处于起步阶段，未能形成质的突破。

（四）企业规模小，存在恶性竞争

我国葛根产业的企业都是中小型加工企业，且都是通过滚雪球的方式完成资本原始积累，各自的市场、发展规模、企业经营战略和建设的基地不同。技术力量和经济实力都不强，大多都没有固定的原料基地，在葛根收购季节，屡屡发生价格大战。鲜葛根的价格一路上涨，精粉收购商又借机压级压价，拖欠企业货款现象较为普遍。

（五）行业管理不健全

目前我国葛产业没有相关政策，行业管理制度还不完善。产品缺乏标准，既没有行业标准，也没有企业标准，从而导致葛根产品掺假层出不穷，特别是葛根淀粉，添加各类淀粉的情况屡屡发生，不仅影响行业信誉，尤其是对于保健食品企业使用更是造成很大困扰。

三、产业可持续发展对策

为做大做强葛产业，促进中国葛产业又好又快发展，特提出如下对策建议。

（一）加快优良品种引进、选育、推广步伐

首先，争取政府部门立项支持，政策上予以优惠，资金上予以扶持。其次，加强协作联合攻关，科研、推广、生产各部门紧密配合，还要与省内外品种选育工作走在前面的科研单位加强交流。最后，加强优良品种繁育基地建设，因地制宜推广优良品种。

（二）搞好葛基地建设

积极推行"公司＋基地＋农户"的联合经营模式，以户、村民小组、村、乡为基地，由企业提供种苗、资金、技术。通过订立购销合同，使龙头企业与农户、葛农形成利益一致的经济共同体。实现公司得利、基地发展、农户受益的良好局面。

（三）抓好农民技术培训

发展葛产业离不开农民，农民技术的高低，是葛产业发展关键。因此，要千方百计加大对农民技术的培训力度，有针对性地进行葛生产技术培训，让他们学会和掌握育苗、种植、采收等一系列技术，由此以点带面，加快葛产业发展步伐。

（四）扶持发展龙头企业、推进葛深加工

可以采取以下措施：一是依靠现加工企业，引进资金，扩大规模，优化生产工艺，对葛进行深加工；二是根据葛产业发展规模，积极引入竞争机制，通过招商引资的办法，吸引客商来兴办大型加工企业、销售公司和基地，共谋葛产业大计；三是落实政策，对投资葛加工的各龙头企业认真落实支持其发展的各项政策措施，在税费、用地、技术等方面给予支持，鼓励企业对葛精深加工，提高葛的质量及经济价值。

（五）强化行业管理

建立葛产品行业标准和企业标准。规范目前国内葛产业行业管理制度，杜绝葛根产品掺假现象。实施葛根品牌战略，集中力量塑造强势品牌，形成品牌效应。

（六）加大葛根加工企业的保障工作力度

加强政府、银行、科研院所与企业间的协调合作，积极鼓励支持葛根加工企业的技术、生产工艺改造升级，将葛根经过精深加工的产品尽快投入市场，满足消费者需要。从资金、技术、土地、运输等方面，千方百计支持葛根加工企业做大做强。

第三节　高效栽培技术

一、产地环境

葛根最适宜生长温度为 18~30℃。葛根适合生长在年生长期有效积温为 2800~3000℃、年降雨量不小于 400 毫米、无霜期不小于 240 天的地区（图 6-1）。葛根对土壤的要求不很严格，但要获得较高的栽培效益和价值，则要选择土质肥沃疏松、土层深厚达 80 厘米以上、排水良好的腐殖质土或砂质壤土，土壤 pH 值 6.5 为宜。

二、种苗繁育

葛根种苗繁殖方法很多，常采用种子繁殖和扦插繁殖。其中扦插繁殖可分为老枝扦插和嫩枝扦插。

（一）种子繁殖

3~4 月播种为宜，播前种子要清理杂质，然后在温水中（30~45℃）浸泡 12~24 小时，捞出后晾干播种。采取撒播或穴播，播前畦内浇透水。撒播将种子均匀撒下，使得种子间距为 2~3 厘米，盖层细土。穴播，按株行距 3 厘米 ×4 厘米，穴深 2~3 厘米，盖细土。

（二）扦插繁殖

1.老枝扦插

采收葛根时，选择节短、生长 1~2 年的健壮葛藤，剪去头尾，中间部分剪成 10 厘米左右的扦插条，每个扦插条有 2~3 个节，在水中浸泡一夜脱胶后，将扦插条插入苗床内，扦插条顶端留 3~5 厘米，扦插时间头年 12 月至次年 2 月，株行距 10 厘米×20 厘米，扦插前用生根粉浸根 10 分钟（浓度按使用说明规定），扦插后浇水，再插拱盖薄膜，保温保湿。

图 6-1　葛根植株　　　　图 6-2　扦插育苗

2. 嫩枝扦插

晚冬采收葛时，选粗壮、节密、无病虫害、较小的块根作种用块根，放入温床中催芽，待芽萌发成长 80~100 厘米，割取藤蔓，取藤蔓基部和中下部剪成长 4~5 厘米、每条有 2 个节以上的藤条作为扦插条，扦插方法与老枝扦插相同（图 6-2）。

（三）苗床管理，主要从水分、温度、光照和施肥进行

插条植入苗床后应立即浇灌 1 次透水，之后保持土壤湿润，以手握土能成团且不滴水为宜。芽萌发后，即可分批移栽大田，若保种需继续保持土壤湿润，以手握土能成团、手松开土壤散开为宜。苗床最适宜温度 20~25℃。当苗床温度达到 35℃时，应揭膜通风或喷水调节。在晴天中午适当遮阴，避免阳光直射，用稻草或遮阳网覆盖以防灼伤。芽萌发后，越早移栽越好，确需留在苗床，根据生长情况施肥 1~2 次，每亩施稀释腐熟人畜粪水 1000

千克或尿素 10 千克兑水淋湿。

三、栽培技术

（一）土地整理

种植葛根的土地要及早整地，按南北向，行距 1.0~1.1 米的规格要求开挖种植沟，沟深 50~60 厘米，沟宽 50~60 厘米，并清除石块、树根等杂物，清除土蚕，减轻土壤虫害。底肥要一次性施足，一般中等肥力土地每亩施入基肥：①腐熟农家肥 2000 千克；②三元复合肥 50 千克；③磷肥 50 千克；但每亩施用的化肥总量不得超过 200 千克；④适量的农作物秸秆。开挖种植沟时从一个方向一沟一沟顺序开挖，将表土耕作层回填沟底 20~30 厘米厚，把基肥全部施入种植沟，再回填 10 厘米厚的土壤，将底肥与土壤拌匀。注意施基肥的深度为墒面下 20~60 厘米段。最后，起高垄，必须确保葛根生长有 70 厘米以上深度的松土耕作层。

（二）袋苗移栽

每年冬季，按精细整地要求开挖种植沟并施足基肥，按株距 60~70 厘米开挖种植塘，深度 15 厘米，每亩栽植 1000 株左右，根据生产条件优劣可适当增减栽培种植密度 900~1100 株。3~4 月是移栽的最佳时节，浇透水，覆盖地膜保湿增温，进入雨季时去除地膜（图 6-3）。

（三）田间管理

（1）查缺补苗：每亩种植 1000 株左右，按行距 1.0~1.1 米，株距 0.6~0.7 米的规格移栽种植较为合理。因此，在葛苗移栽以后，就要及时检查成活情况，没有成活的，要尽快补栽，确保获得高产量，缺少一株葛苗，就相当于减少了 2~3 千克的产量。

（2）提苗追肥：葛根生长速度快，需肥量较大，葛苗移栽成活以后，就要及时追施一次提苗肥，时间大约在葛苗移栽后半个月。每亩可选用尿素 3 千克，氯化钾 5 千克，复合肥 3 千克兑水浇施。若农户家中建有沼气池，选用沼液肥更好，或浇施清粪水。在第一次追施提苗肥以后，可以根据葛苗生长情况，再施追 1~2 次提苗肥。当葛藤长到 1.5 米以上的长度时，深扎的根

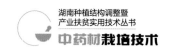

系就可以吸收利用基肥养分了，不必再进行根部追肥。

图 6-3　葛根大田移栽

（3）抗旱保苗：葛根是一种喜光性植物，采取地膜覆盖栽培方法，既能保湿，又能提高地温，促进葛苗正常生长。进入雨季后，应及时去除地膜，保证土壤有足够的水分供葛苗生长。

（4）搭架引蔓：葛根是一种藤本攀缘植物；当葛藤长到 50 厘米长的时候(约为栽后一个多月)，就要及时搭架引蔓。利用 2 米长的竹竿或木杆，在两株葛苗中间斜插一根竹竿，相邻两行的竹竿交叉为"人"字形，在上面放一根长竿，用绳索捆绑固定，再把葛藤引上架。搭架的时候要注意插稳插实，捆紧，以防大风吹倒。

（5）修剪整蔓：在葛藤生长过程中要注意修剪整蔓，促进块根膨大。主要有两点：一是每株葛苗可留 1~2 条葛藤培养形成主蔓，在葛藤还没有长到 1 米长的时候，不留分枝侧蔓，要随时剪除萌发的侧蔓，促进主蔓长粗长壮，1 米以上所萌发的侧蔓全部留着长叶片，保持足够的光合叶面积；二是当所有的侧蔓生长点距根部的距离达到 2~3 米长的时候，要摘除顶芽，抑制疯长，促进藤蔓长粗长壮和腋芽发育，准备来年繁苗扦插芽节，确保根部膨大所需营养。在下一年开春后，要及早修剪，每株葛根只能保留 2~3 条藤蔓培养形成主蔓，1 米以内不留分枝侧蔓，以防"葛头"长得过大，消耗过多养分，影响葛根膨大（图6-4）。

（6）中耕锄草：进入雨季后，杂草生长很快，要适时中耕除草，培土清沟及时排出积水。葛根为旱地作物，根系发达，耐旱不耐涝，雨季要保持排水畅通。

图6-4　葛根大田管理

四、病虫害防控

葛的抗逆性强，病虫害较少。防治以农业防治为主，以人工防治为辅。病虫害零星发生时不进行防治；当病虫害引起葛生物学产量损失20%以上时进行农业防治、物理防治和化学防治。葛根常见病害有黄粉病、根腐病、锈病、叶斑病、霜霉病等。主要虫害有蟥、叶螨、蚜虫、蛀心虫、蝗虫、松毛虫等（图6-5至图6-6）。

病虫草害防治要积极采取相对应的预防控制措施。首先是通过病虫检疫，确保种苗无虫无病，其次是采取农业综合防治措施：轮作，深耕，土壤消毒，中耕除草，抗旱排涝，修剪整蔓，增施肥料等措施，促进葛根健壮生育，增强抗逆能力，减少病虫草为害。在选用化学农药时，要注意按GAP规范和无公害农产品的要求，选用高效、低毒、低残留或无毒副作用的农药。葛根害虫可人工捕杀或选用普通的高效低毒杀虫剂防治。病害可选用甲基托布津700倍液或多菌灵可湿性粉剂800倍液防治。但来自土壤的虫害，

却是要加以重视的，土蚕、黄蚂蚁对幼苗成活和葛根的产量品质影响大，不可不防，在开挖种植沟时就要人工捕杀土蚕，结合施底肥回填土时，就要施用土壤杀虫农药毒杀害虫。另外，葛根有甜味，老鼠爱吃，因此，也要注意鼠害防治。

图 6-5　蟒

图 6-6　叶螨

第四节　采收与产地加工技术

一、采收技术

每年 11 月至翌年 2 月为采收葛根最佳节令，葛根已停止生长，进入休眠期。此时，积累的有效成分最多，品质最好。采挖时注意保持葛根完整，尽量少损伤，因为外皮损伤了容易霉烂，以致失去利用价值，除净泥土，葛头须根和杂物，分级上市交售。葛根采收后，不能用水清洗，否则会加快葛根溃烂。

二、加工技术

（一）葛根片

葛采挖宜在冬季叶片枯黄后到春季发芽以前进行。先除去整藤，挖出块根，切下根头作种，除去泥沙，刮去粗皮，切成 1.5~2 厘米厚的斜片，或对剖后切成 1.5~3 厘米厚的块，既可直接晒干或烘干，也可用盐水或淘米水浸泡，再进行烘干或晒干，这样色泽及品质更好。

（二）葛花茶

立秋后当花未开放时采收，去掉梗叶，晒干后袋装即可。采收时，以朵大、淡紫色、未开放者为上品。

（三）葛根淀粉

①清洗根块：将表面光滑、无破损的葛根放进水池洗净。②粉碎磨浆：预备一个缸池，用磨浆机（普通红薯磨碎机即可）将葛根块磨碎，磨碎的浆末盛于缸池内。③浆渣分开（过滤）：选一个洁净的大池（水泥池即可），也可用宽幅的塑料布铺垫，四周压好，再用 130~160 目的钢丝筛子置于池上，在筛内铺上纱布包裹，把浆末盛于纱布上，注入清水，充分搅动，使淀粉随水漏在大池内，反复加水，直到淀粉与粉渣分离干净。④沉淀：淀粉浆沉淀 48 小时后，舀干淀粉上面的水，取出淀粉块。⑤干燥：把取出的淀粉块烘干或晒干，袋装出售或以备深加工。

第五节　产品综合利用

近年来，国内外对葛的资源与品种、化学成分分析、药理作用、临床应用及在食品、药品中应用等方面进行较多研究，证实其具有独特营养、保健和医用价值，由此国内外兴起"葛消费热"，葛已广泛用于食品、药品及化妆品等领域。目前，对葛根利用主要在以下四个方面：①作为中药材；②作为蔬菜食品直接食用；③从葛根提取淀粉，用于制作食品；④从葛根中提取异黄酮类化合物，如葛根素等，用于制药。另外，还可以利用葛根粉作为生物质原料生产燃料乙醇，葛叶可以作饲料，葛麻纤维是传统的织物。葛产业正成为"21 世纪黄金产业"，葛全身都是宝，葛的综合开发与利用符合当今人类追求长寿，崇尚自然，推崇绿色食品、保健食品和功能食品的理念，具

有广阔的市场前景。

葛的前期开发利用重点包括鲜食、生产干葛片及生产葛根淀粉。根据发展趋势，葛产品开发应以销售鲜葛、加工销售葛根淀粉和干片为基础，以保健养生食品为突破口，逐步研发其他葛产品，发展精深加工，不断提高葛根产品附加值。

参考文献

［1］中国科学院中国植物志编委会．中国植物志［M］．北京：科学出版社，1995.

［2］国家药典委员会．中华人民共和国药典［M］．北京：中国医药科技出版社，2015.

［3］朱校奇．药食兼用植物栽培技术［M］．长沙：中南大学出版社，2013.

［4］赵姿．食用葛的化学成分研究［D］．昆明：云南中医学院，2017.

［5］朱校奇，周佳民，黄艳宁，等．中国葛资源及其利用［J］．亚热带农业研究，2011，7(4):230-234.

［6］梁洁，李琳，唐汉军．葛的功能营养特性与开发应用现状［J］．食品与机械，2016，32(11):217-224.

第七章
白芷

朱校奇

第一节　植物简介

一、基源植物及主要栽培种

白芷［*Angelica dahurica*（Fisch. ex Hoff）Benth. et Hook. f. ex Franch. et Sav］，多年生高大草本植物，以根入药，亦可作香料。白芷有两大栽培种：杭白芷和祁白芷，不同地方有不同的名称。

（1）杭白芷（变种）《中药志》、川白芷（药材名）

该种与白芷的植物形态基本一致，但植株高 1~1.5 米。茎及叶鞘多为黄绿色。根长圆锥形，上部近方形，表面灰棕色，有多数较大的皮孔样横向突起，略排列成数纵行，质硬较重，断面白色，粉性大。栽培于四川、浙江、湖南、湖北、江西、江苏、安徽及南方一些省区，为著名常用中药，主产四川、浙江，销全国并出口。各地栽培的川白芷或杭白芷的种子多引自四川或浙江。

（2）祁白芷（变种）（河北）、禹白芷（河南）

该种的植物形态与杭白芷一致。根圆锥形，表面灰黄色至黄棕色，皮孔样的横向突起散生，断面灰白色，粉性略差，油性较大。祁白芷主产河北安国，禹白芷主产河南长葛、禹县。

二、特征特性

（一）形态特征

多年生高大草本，高1~2.5米。根圆柱形，有分枝，径3~5厘米，外表皮黄褐色至褐色，有浓烈气味。茎基部径2~5厘米，有时可达7~8厘米，通常带紫色，中空，有纵长沟纹（图7-1至图7-4）。

图7-1　白芷（示果实和药材）　　　　图7-2　白芷（苗期）

基生叶，一回羽状分裂，有长柄，叶柄下部有管状抱茎边缘膜质的叶鞘；茎上部叶二至三回羽状分裂，叶片轮廓为卵形至三角形，长15~30厘米，宽10~25厘米，叶柄长至15厘米，下部为囊状膨大的膜质叶鞘，无毛或稀有毛，常带紫色；末回裂片长圆形，卵形或线状披针形，多无柄，长2.5~7厘米，宽1~2厘米，急尖，边缘有不规则的白色软骨质粗锯齿，具短尖头，基部两侧常不等大，沿叶轴下延成翅状；花序下方的叶简化成无叶的、显著膨大的囊状叶鞘，外面无毛。

复伞形花序顶生或侧生，直径10~30厘米，花序梗长5~20厘米，花序梗、伞辐和花柄均有短糙毛；伞辐18~40，中央主伞有时伞辐多至70；总苞片通常缺或有1~2，呈长卵形膨大的鞘；小总苞片5~10，线状披针形，膜质，花白色；无萼齿；花瓣倒卵形，顶端内曲成凹头状；子房无毛或有短毛；花柱比短圆锥状的花柱基长2倍。

果实长圆形至卵圆形，黄棕色，有时带紫色，长4~7毫米，宽4~6毫米，无毛，背棱扁，厚而钝圆，近海绵质，远较棱槽为宽，侧棱翅状，较果体狭；棱槽中有油管。花期7~8月，果期8~9月。

（二）生长习性

常生长于林下、林缘、溪旁、灌丛及山谷地。白芷喜温和湿润的气候及阳光充足的环境，较耐寒。

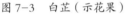

图7-3　白芷（示花果）　　　　　　图7-4　白芷（示田间长势）

（三）白芷药材

来源：该品为白芷的干燥根。夏、秋间叶黄时采挖，除去须根及泥沙，晒干或低温干燥。性状：该品呈长圆锥形，长10~25厘米，直径1.5~2.5厘米。表面灰棕色或黄棕色，根头部钝四棱形或近圆形，具纵皱纹、支根痕及皮孔样的横向突起，有的排列成四纵行。顶端有凹陷的茎痕。质坚实，断面白色或灰白色，粉性，形成层环棕色，近方形或近圆形，皮部散有多数棕色油点（图7-5）。气芳香，味辛，微苦。

归经：入肺、脾、胃经。

功能主治：祛风，燥湿，消肿，止痛。治头痛，眉棱骨痛，齿痛，鼻渊，寒湿腹痛，肠风痔漏，赤白带下，痈疽疮疡，皮肤燥痒，疥癣。

三、区域分布

多分布在中国大陆的东北及华北等地，生长于海拔200~1500米的地

图 7-5 白芷药材

区，一般生于林下、林缘、溪旁、灌丛和山谷草地。

第二节　产业现状

一、产业规模

湖南茶陵白芷久负盛名，至少有 600 多年栽培历史，是茶陵"三宝"之一。茶陵白芷古称"楚芷"，今称"茶芷"，和"杭芷""川芷"并列为全国三大名芷。几十年来，由于白芷药材价格波动较大、销售不畅等原因，导致茶陵白芷出现了萎缩的现象，其种植面积在 100~1000 亩之间。

目前，湖南白芷种植零星分布（图 7-6 至图 7-8）。笔者调研，2016 年以来，慈利县溪口镇云岩村种植 385 亩，君山区柳林洲街道办事处新河村种植 900 亩，桑植县官地坪镇中坪村种植 150 亩，茶陵县潞源镇种植 150 亩。

2016 年白芷鲜品产量 1500 千克/亩左右，单价 2~2.5 元/千克，则产值为 3000~3750 元/亩；每亩成本：地租 450 元，种子 150 元，肥料 250 元，农药 100 元，机械 250 元，人工 300 元，小计 1500 元/亩；则利润为 1500~2250 元/亩。虽然白芷种植效益不是很高，基于其生长周期较短、投

图 7-6 岳阳君山种植的白芷　　图 7-7　慈利溪口种植的白芷　　图 7-8　白芷套种玉米

入成本较少，在中药材种植品种搭配、以短养长的模式选择方面，具有一定的参考价值。

二、产业发展面临的主要问题

（一）白芷药材价格波动剧烈，影响农户积极性

白芷为 2 年生草本植物，采用种子进行繁殖，当年秋播第 2 年秋收，其适应性较强，生长周期短，栽培技术较易掌握，且容易转型，但除草等人工成本不断增加，市场价格波动或气候条件的影响，其栽培面积时起时伏。

（二）销售渠道不畅，白芷种植规模萎缩

20 世纪 80 年代以前，白芷为国家计划管理品种，由中国药材公司统一管理，白芷的种植规模与销售得到一定的保障。而随着我国药材市场的全面放开，由市场调节产销，因此，湖南茶陵白芷药材种植、收购与销售受到明显的影响。

（三）种植未形成规模效应，缺乏市场竞争力

茶陵白芷作为湖南省著名的道地药材之一，但因种植基地位于城郊地带，历史上因城郊种植蔬菜效益大于种植白芷，导致茶陵白芷的种植区域不断迁移和萎缩。

三、产业可持续发展对策

（一）培育龙头企业，逐渐恢复湖南白芷的种植规模

随着相关政策的出台，给我省的中药材产业发展带来难得的机遇。长期以来，湖南茶陵白芷因缺乏实力雄厚的龙头企业，一直处于农户自发种植状况。因此，应积极培育新的龙头企业，结合精准扶贫，扶持引导具有技术支撑单位的企业，建立相对固定的药材原料生产基地，逐渐壮大白芷的生产规模，提高湖南茶陵白芷在国内的影响力。

（二）加大科研开发投入，开展白芷的基础性研究

因茶陵白芷为我省地方性种植品种，其基础性研究报道较少，因此，开展茶陵白芷的前期基础研究，包括茶陵白芷的种质资源、品种的提纯复壮与新品种的选育、药材内在品质研究、药材的初加工及深加工研究以及茶陵白芷的道地性形成机制研究等，将有利于促进湖南白芷的产业发展。

第三节　高效栽培技术

一、产地环境

白芷宜在平坦土地栽培。以土层深厚，疏松肥沃，水源充足，排灌方便的沙质壤土为佳。前茬一般多为水稻、玉米、高粱、棉花等。

二、种苗繁育

白芷用种子繁殖。可单株选苗移栽留种和就地留种。生产上多采用前一种方法，一般在收挖白芷时进行。宜选主根不分枝，健壮无病的白芷作种。移栽前剪去叶子，按行株距50~70厘米栽种。冬季及翌春进行除草施肥。6~7月种子陆续成熟，于果皮变黄绿色时，连同果序一起采下，可分批采收，然后摊放通风干燥处，凉干脱粒，去净杂质备用。

三、栽培技术

（一）翻耕施肥

先撒施腐熟农家肥 2000~3000 千克/亩，过磷酸钙 25 千克/亩。然后翻耕 25~30 厘米，耕细整平。

（二）作畦

宜采用高畦，坡地可采用平畦，畦高 30~40 厘米，畦面宽 110~130 厘米。平地四周应开深 30~50 厘米排水沟。

（三）种子处理

播前种子要去掉种翅膜，然后在 45℃温水中维持 10 分钟，自然冷却浸泡 6 小时，捞出后擦干播种。

（四）播种

播期分秋播、春播两种，以秋播为好。湖南在 8 月中旬至 9 月初播种为好，如果秋分后播种则可能因雨量渐少，气温转低，发芽率会降低，气温较高地区以秋分至寒露为宜。播种过早，白芷植株当年生长过旺，第 2 年部分植株提前抽薹开花，根部木质化不能药用。播种过迟，冬季降水量少，气温较低，播后不易发芽，影响生长。

条播按行距 20~30 厘米开浅沟（约 10 厘米深），穴播按穴距（15~20）厘米×30 厘米开穴播种，将种子均匀撒下，盖一层薄土 (1.5~2 厘米)，浇透水，然后保持土壤湿润。条播 2 千克/亩，穴播约 1.5 千克/亩。

（五）田间管理

（1）水分管理：在干旱墒情不好时，及时浇水，以保持土壤湿润；积水时及时排干。

（2）间苗除草：当春季幼苗返青高 6 厘米时，进行间苗，除去弱势苗，每穴留壮苗 1~2 株；条播每隔约 10 厘米留 1 株。及时除去杂草。

（3）追肥：当年追肥宜少宜淡。第二年植株封垄前追肥 1~2 次，结合间苗和中耕时进行，追肥腐熟饼肥 150~200 千克/亩，亦可用三元复合肥和人畜粪尿代替，开浅沟施。

（4）拔除抽薹苗：春前要严格控制肥水供应，以防生长过旺抽薹。如有植株抽薹开花，应及时拔除。

影响白芷提早抽薹的原因有以下三个方面：一是苗龄，秋播播种过早，苗龄长幼苗生长旺盛，第二年则容易提早抽薹开花；二是肥水，秋季播种当年出苗后，要控制肥水，避免生长过旺而提早抽薹开花；三是种子，主茎顶端结的种子，播种后较易抽薹开花，二级、三级枝上结的种子，虽播种后抽薹率低，但种子瘪小，质量差，影响出苗率，只有一级枝上结的种子播种效果好。

一旦发现 5 月早薹植株，要及时拔除。6~7 月要打掉全部花薹（留做种的除外），以使营养集中于根部，提高白芷产量与质量。

四、病虫害防控

（一）主要病虫害

常见病害有斑枯病、根腐病、黑斑病等，主要虫害有红蜘蛛、蚜虫、地老虎等。

（二）防治措施

1. 农业防治

选择田间抗病性好的留种。及时清理打扫田间病残植株和枯枝落叶。加强大田生长情况观察，及时准确进行病情预测预防。与禾本科作物实行 2 年以上的轮作。

2. 物理防治

根据害虫的不同性质，4~7 月，在白芷田间安装频振式杀虫灯或悬挂黄板粘虫板等。

（1）频振式杀虫灯安装　每 10~15 亩一盏灯，灯间距 80~100 米，离地面高度 1.5~1.8 米，呈棋盘式分布，挂灯时间为 4 月初至 7 月下旬，雷雨天不开灯。

（2）黄板黏虫板安装

1）规格：20厘米×25厘米或25厘米×30厘米。

2）悬挂量。监测：悬挂10~20张/（亩）；防治：悬挂40~50张/亩。

3）悬挂方法。悬挂高度以黄板下端与作物顶部平齐或略高为宜，悬挂方向以板面朝东西方向为宜。

3.化学防治

主要病虫害防治方法参见表7-1。农药使用符合GB 4285、GB/T 8321和《中药材生产质量管理规范（试行）》的规定。

表7-1 白芷主要病虫害防治药剂名录

防治对象	推荐药剂	施用方法	安全间隔期(天)
斑枯病	1∶1∶100波尔多液	400倍液喷洒叶面，5~7天喷1次，连续喷2~3次	15
	65%代森锌	500~800倍液喷洒叶面，5~7天喷1次，连续喷1~2次	15
黑斑病	4%氟硅唑	8000~10000倍液，5~7天喷洒1次，连喷3~4次	18
	20%硅唑·咪鲜胺	800~1000倍液7~8天喷洒1次，连喷3次	7
	75%百菌清	500倍液，7~10天喷洒1次，连续3~4次	7
	80%代森锰锌	500倍液，10~15天喷洒1次，连喷3~4次	15
根腐病	50%多菌灵	600倍液，7~10天喷洒或灌根1次，连续2~3次	20
	70%甲基硫菌灵	1000倍液，7~10天喷洒或灌根1次，连续2~3次	7
红蜘蛛	10%吡虫啉	1000倍液，15~20天喷雾1次，连续1~2次	30
地老虎	90%晶体敌百虫	30倍液拌炒过的麦麸或豆饼制成毒饵诱杀，撒施、灌根	7
	茶枯	茶枯3~5千克捣碎，用双层纱布包裹，10升开水浸泡8~10小时，原液对水稀释500~800倍液，选晴天或阴天下午喷雾，7~10天喷洒1次，连续2~3次	3

第四节　采收与产地加工技术

（一）采收技术

翌年 7~9 月，叶片呈现枯萎状态时即可采收。选晴天，将根挖起，抖去泥土。

（二）加工技术

采收后的白芷摘去侧根，去净泥土，晒 1~2 天，再将主根依大、中、小三等级分别曝晒。有条件的可烘干（45℃以内）。干燥的白芷药材含水量不超过 14%。

（三）包装与贮藏

及时分等级包装，包装袋必须标注品名、规格（等级）、产地、批号、包装日期、生产单位等，确保白芷质量符合《中华人民共和国药典》（2015 版一部）的要求。

选择通风、干燥、避光、防鼠虫和防潮密封仓库储存，并定期检查。

（四）分级

现行国家标准，白芷与杭白芷不分，划分为三个等级如下：

一等干货。呈圆锥形，表面灰白色或黄白色。体坚。断面白色或黄白色，具粉性。有香气，味辛、微苦。1 千克为 36 支以内。无空心、黑心、芦头、油条、杂质、虫蛀、霉变。

二等干货。呈圆锥形，表面灰白色或黄白色。体坚。断面白色或黄白色，具粉性。有香气，味辛、微苦。1 千克/60 支以内。无空心、黑心、芦头、油条、杂质、虫蛀、霉变。

三等干货。呈圆锥形，表面灰白色或黄白色。体坚。断面白色或黄白色，具粉性。有香气，味辛、微苦。1 千克为 60 支以上。顶端直径不得小于 0.7 厘米。间有白芷尾、黑心、异状油条，但总数不得超过 20%。无杂质、虫蛀、霉变。

108

第五节　产品综合利用

（一）白芷药用产品开发

白芷除在药用处方调配中使用外，还是参桂再造丸、上清丸、牛黄上清丸等中成药的主要原料。除了具有镇痛、抗炎、解热等作用外，还具有增强免疫、抗肿瘤、促进毛发生长等作用，在这些方面可以进行深入研究，开发出新的产品。

（二）中药白芷在美容美体上的应用

白芷自古即是医家喜用的美容药，而且是历代中医美容中应用最多的一味药。《神农本草经》中谓白芷"长肌肤，润泽，可作面脂"。白芷水煎剂在一定程度上对体外多种致病菌有抑制作用，并可以改善微循环，促进皮肤的新陈代谢，从而延缓皮肤衰老。内服并外用桃花白芷酒能去脸部鼆黑斑，治疗面色晦暗、黑斑或产后面暗等。将白芷、牛奶、蜂蜜搅拌均匀，做成白芷牛奶面膜，不但具有抗菌、促进血液循环、防御紫外线的作用，还可使脸色红润并改善黑头粉刺，且有较好的净白效果。还有报道将白芷粉加绿豆粉冲服，减肥效果较好，有美体的作用。

（三）白芷作香料、调味品与在药膳中的应用

白芷含挥发油成分，香气浓郁，可用作香料、工业原料、提取芳香油和调味品等。白芷作为一种常用香料，常与砂仁、豆蔻等芳香药物在食品加工业中广泛使用。如四川四大腌菜之一的川冬菜在制作中所用的香料就包括白芷；现已开发成产品的著名调味品"十三香"，原为一个古方，由13味中药组成，其中也包含了白芷。白芷在中药药膳中也是经常应用的材料，很多膳食调料厂都大量引进白芷。《美容药膳瘦身法300种》中的皮肤增白药膳中就有白芷炖白鸽、白芷炖银耳、冰糖白芷炖燕窝等。川芎白芷鱼头汤有祛风散寒、活血止痛之功，适用于外感风寒，头痛、风温痹病等病症，是春季老年人进补的一种好食物。绿茶白芷汤具有解表祛风、消炎止痛的作用，对治疗感冒、牙痛等均有一定效果。

（四）白芷在抗菌消毒上的应用

我国民间有在端午节用白芷等烟熏以辟邪气的习俗。也有地方在香包中放入白芷、檀香等香料，挂在胸前，有祛风、治感冒之效。经近代实验证明，白芷烟熏能杀灭白喉杆菌、伤寒杆菌和金黄色葡萄球菌等多种病菌，具有较强的消毒作用。

（五）白芷在农畜用品上的应用

白芷秸秆营养丰富，且含有大量的纤维素。利用这种废弃物作原料来栽培平菇，既可变废为宝，又可丰富城乡居民的菜篮子，增加药农经济收入。

（六）白芷在其他产品上的应用

用糯米粉、合成食用胶、白芷、冰片、食用色素和食用香精加工而成的糯米粉保健牙签对牙龈出血、牙痛等疾病有很好的治疗保健作用。现有一种白芷药物纸手帕，在手纸帕生产过程中添加了白芷药物，可抑制细菌、螨虫的滋生，使用方便、卫生，对使用者无毒副作用。

第八章
栝楼

黄艳宁

第一节　植物简介

　　栝楼，别名瓜蒌天撤、山金匏，为葫芦科栝楼属植物。其根、茎、叶、果皮、种子都可供药用，是我国传统中药。栝楼完整果实药材名为瓜蒌或全瓜蒌（图8-1）；味甘、微苦，性寒，归肺、胃、大肠经，清热化痰，宽胸散结，润燥滑肠，消肿排脓。果皮名瓜蒌皮；味甘、性寒，归肺、胃经，主治肺热咳嗽、胸胁痞痛、咽喉肿痛、乳癖乳痈。种子名瓜蒌子，味甘、性寒，归肺、胃、大肠经，主治痰热咳嗽、肺虚燥咳、肠燥便秘、痈疮肿毒。它的地下块根俗称天花粉，味甘、微

图8-1　成熟栝楼果实

苦、微寒，归肺、胃经。天花粉主治清热泻火，生津止渴，消肿排脓。用于热病烦渴，肺热燥咳，内热消渴，疮疡肿毒。栝楼自古就是一种生津止渴、排脓消肿、堕胎的良药。瓜蒌子又称吊瓜子，现已成为一种食用的瓜子。

　　栝楼药用早有记录，瓜蒌始载于汉代《神农本草经》(曹元宇，1987)，

列为中品，药用根，名栝楼根，一名地楼。吴普云：栝楼，一名泽巨，一名泽姑。弘景言其"出近道，藤生，状如土瓜而叶有叉"。说明栝楼的植物形态与土瓜相似。为了贴切地反映出二者的异同，《名医别录》将栝楼又分为天瓜。加上唐《新修本草》有"用根作粉"制法，又演变出天花粉之药名。

栝楼的果实中含三萜皂苷、有机酸、树胶、糖类、色素、丝氨酸蛋白酶A及B，以及钾、钙、镁、铁等11种无机元素。果皮含棕榈酸、亚麻酸、亚油酸等挥发油，饱和脂肪醇混合物，饱和脂肪酸混合物。栝楼仁中含油脂、甾醇、三萜及其苷。根含有天花粉蛋白、多种氨基酸、肽类以及多糖等。栝楼对心血管系统具有扩张冠脉、抗心肌缺血、改善微循环、抑制血小板聚集、耐缺氧、抗心律失常等作用；对消化系统有抗溃疡、泻下作用。另外，栝楼还有抗菌、抗衰老、抗癌、抗艾滋病等作用。

栝楼品种有数十种之多，药用栝楼，叶色浓、果型大、块根肥厚，成熟时瓜和瓜瓤为橙黄色。其果实（全瓜）、种子、瓜皮和肉质根均为传统的中药。湖南气候温和，光、热充足，雨水充沛，非常适合栝楼种植。

一、特征特性

多年生攀援草质藤本植物，藤茎长达10米；块根圆柱状，粗大肥厚，富含淀粉，淡黄褐色。茎较粗，多分枝，具纵棱及槽，被白色伸展柔毛。叶片纸质，轮廓近圆形，长宽均为5～20厘米，常3～7浅裂至中裂，稀深裂或不分裂而仅有不等大的粗齿，裂片菱状倒卵形、长圆形，先端钝，急尖，边缘常再浅裂，叶基心形，弯缺深2～4厘米，上表面深绿色，粗糙，背面淡绿色，两面沿脉被长柔毛状硬毛，基出掌状脉5条，细脉网状；叶柄长3～10厘米，具纵条纹，被长柔毛。卷须3～7歧，被柔毛（图8-2）。

图8-2　栝楼叶

花雌雄异株。雄总状花序单生，或与一单花并生，或在枝条上部者单生，总状花序长 10~20 厘米，粗壮，具纵棱与槽，被微柔毛，顶端有 5~8 花，单花花梗长约 15 厘米，花梗长约 3 毫米，小苞片倒卵形或阔卵形，长 1.5~2.5（~3）厘米，宽 1~2 厘米，中上部具粗齿，基部具柄，被短柔毛；花萼圆筒状，长 2~4 厘米，顶端扩大，径约 10 毫米，中、下部径约 5 毫米，被短柔毛，裂片披针形，长 10~15 毫米，宽 3~5 毫米，全缘；花冠白色，裂片倒卵形，长 20 毫米，宽 18 毫米，顶端中央具 1 绿色尖头，两侧具丝状流苏，被柔毛；花药靠合，长约 6 毫米，径约 4 毫米，花丝分离，粗壮，被长柔毛。雌花单生，花梗长 7.5 厘米，被短柔毛；花萼筒圆筒形，长 2.5 厘米，径 1.2 厘米，裂片和花冠同雄花；子房椭圆形，绿色，长 2 厘米，径 1 厘米，花柱长 2 厘米，柱头 3（图 8-3 至 8-4）。

果梗粗壮，长 4~11 厘米；果实椭圆形或圆形，长 7~10.5 厘米，成熟时黄褐色或橙黄色；种子卵状椭圆形，压扁，长 11~16 毫米，宽 7~12 毫米，淡黄褐色，近边缘处具棱线。花期 5~8 月，果期 8~10 月（图 8-5）。

图 8-3　栝楼雌花

图 8-4　栝楼雄花

二、基源植物及主要栽培品种

栝楼（学名：*Trichosanthes kirilowii* Maxim.）是葫芦科，栝楼属。全世界有 70 余种，我国有 40 多种，经过实地调查，对国内的栝楼属植物进行了初

图 8-5 栝楼果

步整理，鉴定 15 种植物，其他包括 1 个新种为绵阳栝楼，其他 14 种分别为栝楼、双边栝楼（中华栝楼）、多卷须栝楼、大子栝楼、湖北栝楼、长萼栝楼、糙点栝楼、粉花栝楼、喜马拉雅栝楼、王瓜、瓜叶栝楼、蛇瓜等。

中华栝楼（学名：*Trichosanthes rosthornii* Harms）是葫芦科，栝楼属攀援藤本植物；块根肥厚，淡灰黄色，叶片纸质，轮廓阔卵形至近圆形，先端渐尖，边缘具短尖头状细齿，叶基心形，上表面深绿色，背面淡绿色，无毛，掌状脉；叶柄具纵条纹，花雌雄异株。单花花梗长可达 7 厘米，总花梗顶端有花；小苞片菱状倒卵形，花萼筒狭喇叭形，花冠白色，裂片倒卵形，花药柱长圆形，雌花单生，果实球形或椭圆形，种子卵状椭圆形，扁平，6~8 月开花，8~10 月结果。

分布于中国甘肃东南部、陕西南部、湖北西南部、四川东部、贵州、云南东北部、江西。生于海拔 400~1850 米的山谷密林中、山坡灌丛中及草丛中。该种的根和果实均作天花粉和栝楼入药。

多卷须栝楼 [学名：*Trichosanthes rosthornii* var. *multicirrata* (C. Y. Cheng et Yueh) S. K. Chen] 别称：瓜蒌、厚叶中华栝楼。为葫芦科，栝楼属攀援藤本。本变种与中华栝楼 (原变种) 的主要区别在于叶片较厚，裂片较宽大，卷须 4~6 歧，被长柔毛，花萼筒短粗，长约 2 厘米，顶端径约 1.3 厘米，密被短柔毛。主要生长于海拔 600~1500 米的林下、灌丛中或草地。主要产自广西、广东北部、贵州和四川等地。

长萼栝楼（学名：*Trichosanthes laceribractea* Hayata），攀援草本，茎具纵棱及槽，无毛或疏被短刚毛状刺毛，果实球形至卵状球形，径 5~8 厘米，成熟时橙黄色至橙红色，平滑，种子长方形或长方状椭圆形，长 10~14 毫米，宽 5~8 毫米，厚 4~5 毫米，灰褐色，两端钝圆或平截，花期 7~8 月，果期 9~10 月。生长于海拔 200~1020 米的山谷密林中或山坡路旁。产自台湾、江西、湖北、广西、广东和四川等地。

糙点栝楼（学名：*Trichosanthes cordata* Roxb.），藤状攀援草本植物，长3~4 米。茎中等粗，除具纵棱及沟外，密具椭圆形鳞片状糙点，节上有毛。生于海拔 920~1900 米的山谷密林中或山坡疏林或灌丛中，多攀援于灌木上。主要产自四川、贵州、云南和广西。模式标本采自贵州贞丰。

粉花栝楼（学名：*Trichosanthes subrosea* C. Y. Cheng et Yueh）是属于葫芦科栝楼属的分布于云南西南部和广西南部的攀援藤本。果近球形，长 7~9厘米，径 5~7.5 厘米，橙红色，无毛；果梗稍粗，长 2~2.5 厘米。种子长方形，种脐端钝三角形，另端平截。花期 7~8 月，果期 8~9 月。

喜马拉雅栝楼，多年生草质藤本，长数米。块根粗大，富含淀粉。茎有棱线。叶形变化甚大，掌状 3~5 深裂，长 7~15 厘米，宽 4~13 厘米，基部阔心形，裂片边缘有不规则的锯齿，被柔毛；叶柄长 2.5~5 厘米，被毛。卷须 2~3 裂，与叶对生。花单性，雌雄异株；花瓣 6，白色；苞片披针形，有齿缺；萼管长 4~5 厘米，极狭，外面稍被毛。果长柱形，两端渐狭而尖，长 7~10 厘米，宽 2.5~4 厘米，熟后橙红色。种子多数，长 6~8 毫米，两侧有小耳，棕色。生于荒地的灌木丛中。分布云南、贵州、广东等地。

栝楼为异花授粉植物，经长期栽培，已形成了多种多样的品种类型，现生产上以仁栝楼较好。

三、区域分布

主要生于山坡草丛、林缘溪旁及路边，人工栽培于低山、丘陵及房前屋后、庭院等处。分布于华北、西北、华东和辽宁、河南、湖南、湖北、江

西、广西、广东、贵州、四川和云南等地，各地常有栽培。栝楼属葫芦科多年生草质藤本植物，喜温暖湿润气候，适应性强。原野生于山坡、草地、林边阴湿的山谷中，它的根、茎、叶、果实、种子都是常用的中药材，近年来，人工栽培的籽用栝楼，开发成为绿色保健食品，经济价值迅速提高，发展速度很快。

野生栝楼全国 20 余个省、市、区 700 个左右的县（市、区）均有分布。湖南的东安、龙山、桃源、桃江等地是主要分布地。

第二节　产业现状

一、产业规模

药用栝楼以野生为主，栽培零星，产量较少。1957 年全国年收购量 540 吨。1970 年全国收购瓜蒌近 1400 吨，是 1957 年的 2 倍多。1978 年全国收购 8000 多吨，比 1970 年增长近 5 倍，是当年销售量的 4 倍。20 世纪 80 年代以来，栝楼的种植有了更快的发展，主要是食用栝楼籽的种植面积增长迅猛。

随着农村经济的发展和农业产业结构调整，高效种植已成为农业产业结构调整的重点，自 2000 年以来，我省籽用栝楼年种植面积已突破 10000 亩，主要分布在永州市的芝山区、东安县、冷水滩区，仅上述地区年产量已超过 80 万千克。省内其他县市如长沙的浏阳、望城，株洲的醴陵，岳阳的华容，邵阳的绥宁，怀化的通道、辰溪，益阳的资阳、桃江等地区也有一定的种植面积且正逐年扩大，发展速度较快，2019 年全省种植 5 万亩左右。

二、产业发展面临的主要问题

目前，国内外对栝楼的研究主要集中于天花粉蛋白的生物合成以及各种类似天花粉蛋白的小分子核糖体失活蛋白的分离、纯化等方面，及其在肿瘤治疗中的作用。对提高栝楼的种质质量，提高栝楼的栽培技术方面的研究较少。因此，应通过更深入的研究，解决栝楼种子萌发难的问题，以便提高栝楼种子的发芽率，从而提高栝楼的产量。同时加强对栝楼的遗传多样性分析，鉴定不同地方栝楼间的亲缘关系，以便通过杂交育种获得优良品种，提高栝楼的产量和质量，为栝楼的生产和开发走向国际市场奠定基础。

三、产业可持续发展对策

栝楼作为一种新兴的产业，具有多种优势，一是研究出高产高效的种植模式，增加其产品的附加值，提高优质种子种苗；二是充分利用水田、旱地、山坡地、林区以及家居周边的空坪闲地上种植，提高土地利用率；三是种植过程中节省劳动成本，降低劳动强度，对于目前农村劳动力缺乏的现实问题，种植栝楼可以说是一条解决问题的有效途径；四是种植栝楼减少农药、化肥的使用，有利于生态环境保护，促进农业可持续发展。

第三节　高效栽培技术

一、产地环境

栝楼喜温暖湿润气候，日光充足，生长气温 5~35℃，适宜气温 15~25℃。较耐寒，不耐干旱。选择向阳、土层深厚、疏松肥沃的沙质壤土地块栽培为好。不宜在低洼地及盐碱地栽培。主要生于海拔高度 200~1800 米平地或坡度＜15°的缓坡地，土壤疏松肥沃，土层深厚，pH 6.2~7.5。

二、种苗繁育

栝楼为深根性植物，根可深入土中 1~2 米，故栽培时应选择土层深厚、疏松肥沃的向阳地块，土质以壤土或沙壤土为好。也可利用房前屋后，树

旁、沟边等地种植。盐碱地极易积水的洼地不宜栽培。整地前，每 1000 平方米施入农家肥 5 000 千克作基肥，配加过磷酸钙 30 千克，耕翻入土。播前 15~20 天，撒施 75% 可湿性棉隆粉剂进行土壤消毒。整平地块，一般不必作畦，但地块四周应开好排水沟。

繁殖方法：可用种子、分根、组培繁殖，但生产上以分根繁殖为主，种子繁殖常为采收天花粉和培育新品种时采用。

（一）种子繁殖

果熟时，选橙黄色、健壮充实、柄短、坐果多、种子多的成熟果实，从果蒂处剖成两半，取出内瓤，漂洗出种子，从果中挑选脂肪油含量高且一端相对突出两个角的无机械损伤瓜蒌子作种子，晾干收贮（图 8-6）。翌春 3~4 月，选饱满、无病虫害的种子，先将种子放入清水中洗净，除去浮籽及霉烂的籽粒，并将种子用 50% 的多菌灵 200 倍浸种消毒，然后用 40~50℃ 的温水浸泡 24 小时，取出稍凉，用 3 倍湿沙混匀后，置 20~30℃ 温度下催芽，当大部分种子裂口时即可按 1.5~2 米的穴距穴播，穴深 5~6 厘米，每穴播种子 5~6 粒，覆土 3~4 厘米，并浇水，保持土壤湿润，15~20 天即可出苗。伸蔓期间，选留一个主蔓，引导藤蔓爬上棚架。藤蔓上架后 3~5 米时打顶控主蔓。幼苗期每亩浇施复合肥 10 千克，每期坐果后结合中耕，浇施复合肥 15 千克。植株进入生殖生长期后，应根据雌雄花朵的形态标记出雄株，按 5% 的比例进行雄株的留选，多余雄株连根拔除淘汰。冬季栝楼地上部分枯死，对地下块根采用覆盖稻草的方法进行保暖越冬或挖取块根，进行大田种植。

（二）分根繁殖

北方 3~4 月，南方 10 月至 12 月下旬进行。挖取 3~5 年生，健壮、无病虫害，直径 3~5 厘米，断面白色新鲜的栝楼根，切成 6~10 厘米长的小段，按株距 30 厘米、行距 1.5~2 米穴播，穴深 10~12 厘米，每穴放一段种根，覆土 4~5 厘米，用手压实，再培土 10~15 厘米，使成小土堆，以利保墒。栽后 20 天左右开始萌芽时，除去上面的保墒土。每 1000 平方米需种根

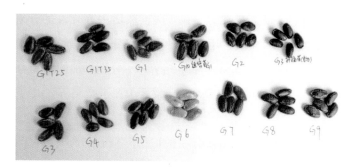

图 8-6　栝楼种子

50~60 千克。用此法应注意种根多选用雌株的根，适当搭配部分雄株的根，以利授粉。此外，断面有黄筋的老根不易成活萌芽，不宜作种根（图 8-7）。

图 8-7　栝楼根

（三）压条繁殖

根据栝楼茎蔓易生不定根的特性，在雨水充足的高温季节，把生长健壮的主蔓拉放在施足基肥的地面，在其节上压土，生根后切断茎蔓让其长成新株，翌年春季即可移栽。压条繁殖发芽率高、植株成形早、繁殖管理方便、能控制雌雄株、结果早、产量高。另外，为改变吊瓜雌雄株搭配不合理的状况，还可采用嫁接繁殖方法进行育苗。

（四）组培繁殖

取栝楼茎顶用 2% 洗衣粉洗去灰尘后，在流水下冲洗 2 小时，再用 70%

乙醇消毒液浸 30 秒，无菌水冲洗 3~4 次，然后用 0.1% 的升汞液消毒 6~8 分钟，无菌水冲洗 3~4 次，用无菌纸吸干水分，在超净台上取栝楼苗含腋芽的茎段用作外植体，接种于 MS 基本培养基，分别添加浓度为 0.5 毫克/升、1.0 毫克/升、1.5 毫克/升、2.0 毫克/升激素 BA 进行培养，以诱导芽生长成无菌苗。培养温度 25℃，光照每天 10~12 小时，光照强度 2000~2500 勒克斯。将诱导出的栝楼无菌苗切成 0.5~0.8 厘米茎段，分别接种于添加 ZT 0.1 毫克/升、0.3 毫克/升、0.5 毫克/升、0.7 毫克/升和 BA 0.1 毫克/升 + NAA 0.5 毫克/升的 1/2MS+ 3% 蔗糖 + 0.8% 琼脂丛生芽诱导培养基（pH 值 5.8）上，温度 25℃、光照 14 小时、光照强度 2500 勒克斯左右进行增殖培养。将具有 3~4 节、3.5~4 厘米长的健壮试管苗分别转入添加 IBA 0.1 毫克/升、0.3 毫克/升、0.5 毫克/升、0.7 毫克/升的 MS 基本培养基上进行生根培养。将根系健壮的试管苗经 4~5 天炼苗后，移栽到栽培基质中。以河沙、蛭石、泥炭的混合物为炼苗基质，用杀菌剂进行消毒处理。选取栝楼苗高 3~5 厘米，叶 2~3 片，根 3~5 条的无菌苗放到温室中，自然条件下炼苗 5~7 天，然后打开培养瓶盖炼苗，在培养瓶中加入适量的蒸馏水浸没栝楼根部，每天保持空气湿度大于 70%，在自然条件下放置 3~5 天。炼苗期间适当地遮光，使光照强度为自然光的 35%~40%。移栽适宜在春秋季节进行，移栽时用镊子轻轻地将组培瓶里的植株夹出，用自来水将植株上的培养基冲洗干净，然后再晾置 1 小时移至装有经过消毒基质的塑料穴盘内，每个穴孔栽植一株，稍微露出植株基部，根系尽量伸展，栽植时尽量压紧基质，在组培苗移植完毕后用洒水壶喷洒的方式浇透水。前 5~7 天湿度控制在 75% 左右，以后逐渐降低湿度，直至将移栽苗置于自然条件下。待栝楼苗长出新叶和新根后，每 5~7 天加施用 0.05%~0.1% 的尿素，植株长至 10 厘米左右，根系与基质能成团脱出时，即可出盘进行定植。

图 8-8　初代培养

图 8-9　继代增殖培养

图 8-10　生根培养

图 8-11　炼苗培养

图 8-12　出瓶苗

图 8-13　瓶苗移栽

三、栽培技术

栝楼种植有两种栽种方式，一种是采用种子育苗移栽或直播，优点是省时省工，种植成本低；但缺点是苗圃无法辨识雌雄，小苗栽到田间，当年雄株将会影响产量，而雌株小苗当年生长量小，产量也不高，所以生产中一般较少采用。另一种采用大苗根株作为栽培苗，根块越粗，生长势越强，当年产量越高，所以生产中大多采用大苗根株来栽种。

栝楼栽培整地一般冬前完成，采取深翻土，整细耙平，可整成宽4米的栽植厢。栝楼种植宜轮作，不宜连作。水旱轮作有利于减轻病害和提高产量。山地旱土栽培，宜在厢的半边条形种植，另一边的土壤撒入石灰并用薄膜封好，留作下次轮种，以利减轻土壤传播病害，提高单位面积产量。

选择培育1年或1年以上的健壮、无损伤、生活力强、断面为白色新鲜且无病虫害的雌株种根。将种根切成6~10厘米小段，用50%的多菌灵200倍液喷洒种根消毒，切口蘸上生根剂，于室内通风干燥处晾放一天，待切口愈合后下种。3月下旬至4月下旬进行栽植。第一年每亩栽植150株（即1米×4米左右），其中雄株块根5~6个；第二年每亩留75株（即2米×4米左右），其中雄株块根3~4个。栽植前挖穴深20厘米，每穴平放种根1段，芽眼向上，覆土后轻轻镇压，浇水即可，其中雄株均匀栽植于大田四周。

田间管理：

（1）中耕除草：每年春、冬季各进行一次中耕除草。生长期间视杂草滋生情况，及时除草。

（2）追肥、灌水：结合中耕除草进行，以追施人畜粪水为主，冬季应增施过磷酸钙。旱时及时浇水。

（3）搭架：当茎蔓长至30厘米以上时，可用竹竿等作支柱搭架，棚架高1.5米左右。也可引向附近树木、沟坡或间作高秆作物，以利攀援。

（4）修枝打杈：在搭架引蔓的同时，去掉多余的茎蔓，每株只留壮蔓2~3个。当主蔓长到4~5米时，摘去顶芽，促其多生侧枝。上架的茎蔓，应及时整理，使其分布均匀。

（5）人工授粉：栝楼自然结实率较低，采用人工授粉，方法简便，能大幅度提高产量。方法是：用毛笔将雄花的花粉集于培养皿内，然后用毛笔蘸上花粉，逐朵抹到雌花的柱头上即成。

施肥应掌握重施基肥，施好结瓜肥，巧施防衰肥，注意氮、磷、钾肥配合使用，合理施肥的原则。

提高坐瓜率是丰产的关键，坐瓜率的高低同光照、营养、水分、温度密切相关。栝楼是雌雄异株藤本植物，若开花期阴雨天多，或传媒昆虫少，应进行人工辅助授粉，即在刚开花时，摘取雄花，在雌花上轻敲或将雄蕊轻涂于雌花柱头上。也可采用激素进行保果。

四、病虫草害防控

主要病虫害有蔓枯病、炭疽病、白粉病、病毒病、根腐病、枯萎病等。主要害虫有黄足黑守瓜、黄足黄守瓜、蚜虫、瓜绢螟、根结线虫、瓜实蝇、透翅蛾、红蜘蛛等。

（一）农业防治

冬季需要对种植的园区进行清理，深翻冻土。早春需要对土壤进行浅耕，而且在其生长的过程中要不断地进行中耕除草。种植过程中采用的施肥方法是挖穴或开沟施肥，并且灌水封闭，使土层中的害虫幼体还有羽化的虫体死亡，可以大大地降低虫口的密度。

（二）物理防治

根据害虫的不同性质，5月下旬至10月，在栝楼田间安装杀虫灯（15~20亩地装杀虫灯1个）或者悬挂双面黄板诱虫板（每亩地悬挂双面黄板诱虫板30~40个）等。

（三）化学防治

1. 虫害

（1）黄足黑守瓜和黄足黄守瓜

主要在早上和傍晚取食吊瓜嫩头嫩叶，有时七八只集中剥食枝条，使枝条枯死。防治方法：浇水后或雨后土未干时，在叶片及附近地面上撒一层草木灰或锯木屑，以防止成虫产卵；消灭成虫可用80%敌敌畏乳液稀释1000

倍喷雾，纺织娘幼虫可用 90% 敌百虫晶体稀释 1000 倍液灌根；利用成虫的假死性也可进行人工捕杀。

（2）瓢虫

主要剥食叶肉，可用虫地乐 800~1000 倍液于傍晚喷杀。

（3）蚜虫

主要在叶片背面和嫩心上吸食汁液，使叶片卷缩，幼苗受害后生长停滞，甚至萎蔫枯死。可用施飞特 (10 克/包) 每包兑 1 桶水喷杀。

（4）瓜绢螟

成虫体长约 12 毫米，头胸部和尾端黑褐色，腹部白色，前翅白色半透明略带紫光，外缘有黑色宽带，静栖时翅张开，尾部上翘，成虫昼伏夜出，有趋光性，幼龄幼虫在叶背啃食叶肉，初期出现多个针嘴大小的透明小点，渐变成灰白色斑，3 龄幼虫吐丝卷叶，匿居其中取食，进入暴食期，吃光叶肉仅剩叶脉，是吊瓜最大害虫。我市一般发生五代，世代重叠，而在 7 月为害最严重。第 1 次防治在 7 月 12~14 日，第 2 次防治在 7 月 26~28 日，以后每隔 7~10 天防治 1 次，共防治 5~7 次。平原地区小菜蛾和瓜绢螟混发，用 5% 阿维菌素 1 包兑 1 桶水或虫螨克星 1 瓶兑 6 桶水喷雾，5% 锐菌特 2000~2500 倍液，100 克阿维 BT 生物杀虫剂每包兑 2~3 桶水喷雾。

（5）透翅蛾

幼虫在本市 5 月下旬至 6 月上旬为害。先蛀食嫩头或叶柄，随着幼虫长大，在茎中向下蛀入，蛀孔有粪便排出，也有黄色液体流出。防治在 5 月下旬 1 次，6 月上旬 1 次，用虫地乐 55% 乳油（毒死蜱加氯氰菊酯)1 瓶兑 5~6 桶水喷雾，以后视虫情而定。

（6）根蛆

为害吊瓜块根，初期块根有瘤状突起，后期块根腐烂有白色小蛆虫，防治用 40% 农斯特乳油 1 瓶兑 4~5 桶水，或虫地乐 1 瓶兑 5~6 桶水，或敌百虫晶体 1000 倍液灌根（表土扒开直接淋根）。

2.病害

为害吊瓜的主要病害有蔓枯病、炭疽病、基腐病、枯萎病、病毒病、根结线虫病等。

（1）蔓枯病

在茎蔓上为害，病斑椭圆形至菱形，有时溢出琥珀色的树脂胶状物，后期病茎干缩，纵裂呈乱麻状，严重时导致蔓烂枯死。该病预防为主，苗期用艾菌托（甲基托布津加福美双）400~600倍液全田防治，每隔10天左右1次，防5~7次，此药预防炭疽病等病害也有效。病害发生后每亩用50%腈菌唑3~5克加水15千克喷雾。黄泥调匀涂茎秆，涂3~4次，每隔10天左右1次。

（2）炭疽病

从苗期到成株及瓜果均为害，严重时茎蔓枯死。为害叶片时叶片周边开始出现水渍状病斑，后叶片变黑枯死；为害瓜果时，开始出现水渍状病斑，后期变黑色微凹陷硬块，半个果成熟，半个果不成熟。特别二三年以上果园为害严重，药剂防治可在发病初期用艾菌托400~600倍液喷雾，活康壮1支兑（5毫升）2桶水喷雾，城主后1支兑1桶水喷雾，100克诺炭宁1包兑4~5桶水喷雾，翠喜1包（5毫升）兑1桶水喷雾（严重时3包兑2桶水），一般情况下每隔7天防治1次，连续用3~4次。

（3）基腐病

该病一般发生在两三年以上的果园内，吊瓜苗根基腐烂，整株吊瓜枯死。发病初期用根腐宁600~800倍液加活康壮每支（5毫升）兑2桶水，每株灌根1~1.5千克配制液，在病株基部扒一碗状穴，将药液灌入，一般灌2~3次。

（4）枯萎病

发病初期少数枝蔓青枯而死。用枯菌克20克1包兑1桶水防2~3次。

（5）病毒病

整株吊瓜叶片变小成皱叶，茎节变短，生长缓慢，注意苗期防治好蚜虫飞虱，发病初期可用菌毒宁20克1包兑1桶水，严重时3包兑2桶水喷雾

连续 2~ 3 次。

（6）根结线虫病

初期块根有小瘤状突起，不腐烂。用虫洁克每瓶兑 6 桶水灌根。灌 1 次根 3 年无根结线虫病。

第四节　采收与产地加工技术

一、采收技术

栝楼一般在 9 月底至 10 月初成熟。每年 10 月上旬发现果皮表面已出现白粉，并呈现出淡黄色，产生网状花纹时即可收获。分批采摘，成熟一批采收一批。果实颜色青绿的尚未成熟，应让它在藤上生长一段时间后再采摘。采收时，用剪刀在距果实 15 厘米处，连茎剪下，悬挂通风干燥处晾干，即为全栝楼。

天花粉（根）雄株的块根淀粉含量高、品质好，若根入药，以挖雄根为好。一般移栽后第三年霜降前后采挖，年限越长越好，但到第六年仍不收获的，根的纤维素增多，粉质减少，品质下降。

二、加工技术

采收后的吊瓜运回家中，应在室内存放 2~3 天再进行剖瓜，取出瓜瓤和籽，装入塑料袋内，通过人工摩擦去瓤。再用清水漂净瓤膜，将剩余瓜籽晒干即可上市销售.也可贮藏或炒熟制作炒货上市销售。

剖瓜剩下的果皮应选择肉厚，外红里白，无虫蛀的果皮，用清水漂洗净黏在果皮上的残物，再晒干或烘干即可作为中药销售。

若要取用天花粉的吊瓜，一般需要选用 3 年生以上的块根。在冬至到清明期间将块根从田间挖出运回家中。先洗净泥土，去除粗皮，并用明矾水或石灰水浸泡 6~7 天，然后取出用清水漂洗干净，切成 3.3~6.7 厘米长的段，粗的再进行纵剖。晒干即可作为中药进行销售。作中药销售的块根以选用白色、质坚、粉性足的块根为佳。生长期短的块根，天花粉含量较低，药用效果也欠佳。因此，必须选用生长期较长的块根提取天花粉，以提高中成药的医疗效果。

第五节　产品综合利用

栝楼全身是宝，果实、茎叶和根块均可入药。整个干燥果实中药名称全瓜蒌，果壳称瓜蒌皮，种子称瓜蒌仁，根块称天花粉（图 8-14 至图 8-18）。栝楼为常用大宗药材，市场需求量大，价格稳中有升。

目前，栝楼籽加工品种类型有多种，主要有炒栝楼籽、盐水瓜子、奶油瓜子、甘草瓜子等。

栝楼籽油、籽仁饮料等深加工产品的开发，市场前景十分看好。栝楼瓜果的汁液含有多种氨基酸和人体必需的营养元素，对人体皮肤具有通络活血、滋润肤肌等功能，是制作化妆品的优质原料，有很好的开发前景。

栝楼果实具有致泻、抗菌、抗癌、扩张血管、提高心肌耐缺氧能力、抗心肌缺血、抗心律失常、抗胃溃疡等作用。栝楼皮具有止咳化痰之功效，栝楼籽具有滑肠通便作用；栝楼块根（天花粉），含多量淀粉及 1% 的皂苷，并含天花粉蛋白，天花粉蛋白有抗肿瘤、抗艾滋病等作用，其开发前景诱人。

图 8-14　栝楼果

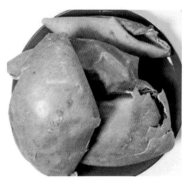
图 8-15　栝楼皮

图 8-16　天花粉

图 8-17　栝楼籽

图 8-18　栝楼仁油

第六节　典型案例

　　湖南新金富现代农业发展有限公司创立于 2017 年 3 月，以栝楼为主产业。2017 年 5 月通过政府招商引资成立股份有限责任公司，公司按照"公司＋合作社"互惠互利、相互发展的模式，走富农强企的发展道路，目前公司下属企业有湖南新金富现代农业发展有限公司食品加工厂、育苗基地、栝楼种植基地 3 个，并已与 25 家农民种植专业合作社合作，开发栝楼等农业经济作物种植 8000 余亩，其中栝楼种植 6000 余亩，实际投资总额 2800 万元，有生产厂房、设备、种植基地等固定资产投资 1360 万元，预计年销售额 5000 余万元，带动周边农户 1000 余家。2017 年 8 月公司被授予株洲市农业产业化龙头企业称号，是湖南省中药材产业协会常务理事成员单位。

在发展中药材栝楼产业的同时，公司紧密配合醴陵市委、政府工作部署，积极做好产业结构调整和产业扶贫工作。

（1）积极宣传党的惠民政策。公司在 12 个乡镇召开了栝楼种植推介会，邀请了乡镇领导、村支两委负责人、合作社负责人到公司基地现场观摩，印发宣传折页 2000 余份，把国家种植结构调整和产业扶贫政策进行宣讲，用典型事例解读，解开心结，放宽思路，树立信心。

（2）争取相关政策扶持。帮助农民专业合作社争取政府部门对农业产业的支持。2018 年公司为大力发展生态循环农业，向市扶贫办争取产业扶贫合作社 4 个，农业部门争取种植结构调整项目 6500 亩、种苗基地建设项目 1 个，向农机部门争取机耕路建设项目 1 个，向卫计部门争取计生协会"三结合"项目 3 个，共计资金 800 余万元，解决了部分合作社资金短缺的问题。

（3）提供技术服务支撑。公司每月对所辖合作社技术员进行技术培训，按作物生长季节特点让农民掌握栝楼种植技术的关键节点。建立了工作交流微信群，种植户可以将技术上出现的问题及时上报，技术人员快速解答，实现技术共享。公司聘请了省农科院研究员、省中药材产业协会副理事长朱校奇博士任公司技术总顾问，国家种子果实类岗位科学家、安徽农科院研究员、栝楼种植研究专家董玲教授担任公司技术顾问，并来公司进行了技术指导。公司实行技术员包片负责制，定期到合作社进行技术指导，为合作社培养了一批种植能手，形成了顾问团、公司、合作社三级技术服务网络。

（4）实行订单生产收购。为解决农民后顾之忧，保证农民持续增收，公司与合作社签订协议之时即确定了保底价格，公司在产品回购时，市场价高于保底价按市场价收购、市场价低于保底价按保底价收购。公司加工厂、栝楼粗加工基地及时把产品加工成食品、中药材投放市场，保证产品流通。

（5）脱贫攻坚走前列。2017 年以来我公司的栝楼种植被市扶贫办确立为扶贫项目单位。为帮助公司及合作社周边贫困户脱贫致富，我们主要做到了如下几点：一是开展了贫困户的摸底建档工作。对公司基地及合作社周围的贫困对象进行了摸底调查，共计贫困户 213 户，贫困人口 706 人。二是今年公司基地种植栝楼共流转贫困户承包土地 85 户 425.87 亩，发放流转金 127761 元。三是栝楼种植劳动强度不是很大，主要以施肥、除草、治理病虫害等田间管理为主，非常适宜于 45 岁以上留守人员工作，共安排 52 户 138 名贫困户劳动力就业，劳务收入达 2248200 元。四是今年公司按照市农业局扶贫开发的要求，在茶山镇石均塘等开发栝楼种植扶贫基地 700 余亩，免费为种植户提供栝楼种苗 16 万余株，免费提供种植技术，产品优先回收。同时公司及合作社为贫困户捐款 28000 元，赠股 104000 元。

第九章
黄秋葵

谢进

第一节　植物简介

一、基源植物及主要栽培品种

黄秋葵为被子植物门双子叶植物纲五桠果亚纲锦葵目锦葵科秋葵属植物。

可食用黄秋葵的品种有 40 多种，比如：卡里巴、祥福、早生五角、爱绿五角、翠娇、杨贵妃、浓绿五角、绿闪、绿箭、五星、水果秋葵、拜耳、秋葵 101、绿德、阿贝儿二号、青葵、台湾五福、精品五角等。颜色一般分为浓绿色，翠绿色，浅绿色，白色。

市场大多喜欢浓绿色的黄秋葵，浓绿色比较有代表性的品种有水果秋葵、卡里巴、浓绿五角、拜耳、绿德、阿贝儿二号。

现在福建地区比较喜欢绿德，阿贝儿二号，海南比较喜欢水果秋葵、祥福品种。这些品种产量果型均不一样，比如卡里巴果型略短粗，产量中等，水果秋葵果型细长，产量较低。

二、特征特性

黄秋葵［*Abelmoschus esculentus* (Linn.)Moench］，别名秋葵、黄葵、洋茄、羊角菜、羊角豆、羊角椒、洋辣椒，是锦葵科一年生的草本植物，嫩荚采收供食用，花和嫩叶也可食用（图9-1）。果荚分绿色和红色两种，口感脆嫩多汁，滑润不腻，香味独特，种子可榨油。原产于非洲，之后进入美洲和其他地区，我国在70年前从印度引进，多见于中国南方，已有70多年的栽培历史。

现在世界各国多有栽培，由于黄秋葵浑身是宝，在日本、中国台湾和香港及西方国家已成为热门畅销蔬菜，风靡全球。在我国也越来越受到消费者的喜爱。美国人叫它"植物黄金金秋葵"，是降血糖的良药。黄秋葵可以深加工成花茶、饮料、胶囊、干蔬、油等。黄秋葵油是一种高档植物油。

图9-1　不同生长时期黄秋葵荚果的外观

黄秋葵是一年生草本植物。根系发达，直根性，根深达1米以上；主茎直立，高1~2.5米，粗5厘米，赤绿色，圆柱形，基部节间较短，有侧枝，自着花节位起不发生侧枝；叶掌状5裂，互生，叶身有茸毛或刚毛，叶柄细长，中空；花大而黄，着生于叶腋；果为蒴果，先端细尖，略有弯曲，形似羊角，果长10~25厘米，横径1.9~3.6厘米，嫩果有绿色和紫红色两种，果面覆有细密白色茸毛，果成熟后木质化不可食；种子球形，绿豆大小，淡黑色，外皮粗，被细毛（图9-2）。

黄秋葵按果实外形可分为圆果种和棱角种；依实长度又可分为长果种和短果种；依株形又分矮株和高株种。矮株种高1米左右，节间短，叶片小，缺刻少，着花节位低，早熟，分枝少，抗倒伏，易采收，宜密植。高株种株高，果实浓绿，品质好。

图 9-2　黄秋葵特征形态

三、区域分布

黄秋葵在中国的分布范围：河北、山东、江苏、浙江、福建、台湾、湖北、湖南、广东、海南、广西和云南等地，以江西萍乡、湖南浏阳最盛产。

第二节　产业现状

一、产业规模

湖南属中亚热带季风湿润气候，境内气候温和，四季分明，光照充足，热量丰富，雨水充沛，无霜期长，土地肥沃，适宜黄秋葵等农作物生长。

湖南是蔬菜大省，为黄秋葵产业提供了发展机会，黄秋葵种质栽培品种和变种较多，资源丰富，我国收集了 200 多份黄秋葵种质资源，并筛选出了一些优质种质。同时，黄秋葵栽培技术研究广泛开展，为黄秋葵高产稳产优产提供了科学指导和技术支持，促进黄秋葵生产的发展。湖南省有多个黄秋葵种植基地，如湖南端丰农业有限公司，主要是种植黄秋葵；湖南黄秋葵种植基地是湖南永升农业旗下基地，是一家以现代技术发展黄秋葵种植为核心，集研发、推广及技术服务为一体的多元化企业；湖南增润农业有限公司

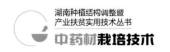

主要从事黄秋葵种植，黄秋葵种子改良，黄秋葵种子繁育等。这些公司的成立改变了黄秋葵生产盲目、难找销路的局面，促进了市场规范化，更有利于市场的开发和品牌的形成。

二、产业发展面临的主要问题

黄秋葵生产可持续能力弱，缺乏政策和资金的支持，影响农民生产积极性，同时农村富余劳动力不足，栽培季节比较集中，淡旺季明显；部分合作社、公司运行不规范，带动作用不明显；市场开发速度缓慢；加工、冷链物流企业少，黄秋葵生产体系不够完善。

稳步扩大种植规模，树立品牌战略意识；大力发展设施栽培和反季节生产，延长供应期；建立无公害、绿色食品标准化生产基地；加强科研开发，提升产业科技水平；以企业为依托，促进产业体系发展壮大。

第三节　高效栽培技术

一、产地环境

黄秋葵为短日照植物，耐热力强，喜强光，需选择通风向阳、光照充足的地段；直根入土深，侧根发达，吸收肥水能力强，需选择土层深厚、土壤疏松肥沃、富含有机质的壤土或砂壤土；耐旱耐湿，但不耐涝渍，稍有积水，即叶黄根烂，种植地需地下水位低，排水良好；不宜重茬，忌酸性土，土壤 pH 值以 6~6.8 为宜；前茬最好是菜园，棉花茬不宜种植，亦不宜连作。

二、种苗繁育

（一）种子直播

黄秋葵可直播，一般以春播为佳。因其种子发芽、植株生长发育及结荚的适宜温度均在 22~35℃，故其播种又不宜过早，一般在地温稳定在 16℃以上时直播较好（注意：低温播种容易造成烂种）。南方春天气温较高，可在 2 月以后直播；北方气温较低，其播种适期则宜在 5 月上、中旬；长江中下游 4 月上旬播种，江浙沿海地区以 4 月下旬播种为宜（具体应根据每年的气温变化）。也可育苗移栽，如果能在棚室育苗、大田定植，则能做到苗全苗匀，并可延长其生长期，有利于高产优质。

（二）棚室育苗方法

比大田直播提前 20~30 天，首先要浸种催芽，即将种子用温水浸泡 24 小时，然后用布包好，置于 25~30℃下催芽，约 75% 露白后播种。可播于棚室苗床（每亩苗床要撒施 20 千克三元复合肥，整细、整平，做成南北向的小低畦，畦面宽 1 米左右，畦埂高 4~6 厘米，畦面要求北高南低，落差10 厘米，以利采光），每亩用种约 0.5 千克，播后覆细土 1~1.5 厘米。如能在棚室用塑钵、育苗盘或营养钵、袋育苗则更好。

（三）移栽技术

定植时关键技术是带土移栽，应尽可能保护其根系不受损伤。即苗床育苗的，起苗时应多带护根土；盆、钵及营养袋育苗的，要保持钵、盆、袋土不散开（图 9-3）。苗龄不宜过长，苗株不宜过大，以苗龄 25 天、幼苗 2~3 叶为佳；注意选用大小相当的壮苗，剔除瘦弱苗；要浇透定根水，以利成活。

图 9-3　黄秋葵大田栽培

（四）合理密植

大面积种植实践证实，每亩以定植 4000~6000 株产量最高。行距是 40 厘米，株距 15 厘米。

三、栽培技术

（一）施足有机底肥

每亩约施用经过充分腐熟的畜禽粪 1 吨以上，在春季整地前铺撒地面，

然后翻入土中，耙细拌匀，使土、肥充分混合，既能提高肥力，又能改良土壤，以满足其生长发育的需要。

（二）秋冬深耕冻晒垄

准备种植黄秋葵的地块，在前茬收获后，要及时进行秋冬深耕，力争耕深达 25 厘米以上，再经充分晒垄、冻垄，以加深熟土层，进一步疏松土壤，增强土壤蓄水保肥能力。

（三）开沟做畦

春种前整地，要求达到细、平、松、软，上虚下实。在此基础上，再进行开沟做畦。一般要求畦面宽 170 厘米，畦沟宽 50 厘米，畦、沟相加，占地 220 厘米，畦沟深 20 厘米左右。这样有利于黄秋葵宽窄行种植和管理采收，并保证排水通畅，田不积水，苗不受渍。

（四）巧施追肥

黄秋葵生育期长，其嫩果采收期可长达 100 天左右。因此，除在栽植前施足底肥外，还应及时巧施追肥。即在移栽活棵后，要追施 1 次提苗肥，每亩用尿素 5 千克，兑清水 500 千克按棵浇入。进入开花期后，追施 1 次促花肥，每亩用水粪 (腐熟人粪尿加清水)1500 千克左右，浇施于行间。进入采果期后，再追施 1~2 次，每亩每次用三元复合肥 20 千克，穴施在株间或行间，施后覆土。此外，在进入开花、采果期时，还可用 2% 过磷酸钙浸泡液，在阴天或晴天下午 4 时以后，喷施于叶部正背面，喷至叶部湿润即可。另外，南方土壤普遍缺硼，还应注意增施硼肥，或进行叶部喷硼。

（五）防旱除渍

黄秋葵虽属耐旱、耐湿植物，但在高产、高效栽培中，又必须防旱、除渍。因此，要注意保持土壤湿润，特别是采收盛期及高温干旱时，如发现旱情，一定要及时浇透水，以提高嫩果产量和品质；苗期怕渍水，要注意防涝，特别是雨季，更要清沟排水，使其在全生育期内，既不受渍、也不受旱，始终健壮，不致早衰。

（六）中耕除草

追肥、浇水或雨天过后，要及时中耕除草，防止土壤板结；要结合中耕、清沟等进行壅根培土，以利根系伸长，使植株生长健壮，防止倒伏。中耕、除草、培土等，进行到封垄后，即可终止。

（七）整枝摘叶

黄秋葵株苗（特别是矮株种）下部会有不少侧芽长出。对种植较密、苗全苗旺的，侧枝过多会影响坐果，应及时抹去侧芽，以免消耗养分，并改善田间通风透光性；若株苗较稀，只需剪除部分弱小分枝，留下粗壮的，以增加结果枝。进入盛果期后，植株出叶加快，应及时摘除无效老叶、残叶，以利通风透光。黄秋葵根深株稳，一般不存在倒伏问题；但在南方地区，入夏以后，暴雨和台风频繁，也有倒伏和折断的危险，应插木棍或竹竿，与主秆绑牢，防止损失。

四、病虫草害防控

（一）病害

1.立枯病和猝倒病

症状：播种、发芽后真叶开始展开前幼苗发病，初见根茎部出现茎缢缩、变褐、软化、倒折。有的根系受害，根部变褐，有时在土中未出土即发病，造成刚发芽的幼苗烂种或霉烂。刺腐霉猝倒病：根茎部呈水浸状腐败，略变细缢缩，病苗倒伏。病原为立枯丝核菌（*Rhizoctonia solani Kuhn*）。猝倒病为刺腐霉（*Pythium spinosum* Saw.）。防治：用54.5%噁霉福可湿性粉剂700倍液或3%噁霉甲霜水剂600倍液，或70%噁霉灵可湿性粉剂1500倍液喷雾防治。

2.枯萎病

症状：苗期、成株均可发病，但以现蕾、开花期明显。病株矮化，叶片小、皱缩，叶尖、叶缘变黄，病变区叶脉变成褐色或产生褐色坏死斑点，严重时病叶变褐干枯、易脱落。纵部茎秆维管束变成褐色或深褐色。病原为尖镰孢菌萎蔫专化型。防治：用 50% 多菌灵可湿性粉剂 60 倍液浸种 1 小时，也可用种子重量 0.3% 的 50% 多菌灵可湿性粉剂或用 50% 福美双粉剂拌种。与粮食作物进行 3 年以上轮作，发现病株及时用 50% 异菌脲可湿性粉剂 900 倍液或 70% 噁霉灵可湿性粉剂 1500 倍液浇灌。

3. 叶煤病（褐斑病）

症状：病斑生在叶片正、背两面，近圆形至角状，受叶脉限制叶面斑点黑色，叶背灰黑色。棚、室保护地初生暗灰色点状霉丛，后逐渐变暗，形成煤状突起斑，严重时，整个叶片覆满黑色煤层。病原为秋葵假尾孢 [*Pseudocercosproa abelmoschi*(Ell.&EV.)]。防治：棚、室保护地栽培时，注意通风换气、降温，减少发病或不发病，夏季晴天中午高温闷棚数日能杀死残存病菌，秋葵假尾孢在 50℃时可死亡，但需根据栽植的品种而应用，以免灼伤，必要时用 47% 春雷王铜可湿性粉剂 700 倍液或 30% 戊唑多菌灵悬浮剂 800 倍液、40% 嘧啶核苷类抗生素水剂 200~400 倍液喷雾防治。

（二）虫害

1. 棉大卷叶螟（*Syllepte derogate* Fabricius）

棉大卷叶螟又名包叶虫，为鳞翅目螟蛾科害虫。症状：1~2 龄幼虫在叶背取食叶肉残留表皮，3 龄开始吐丝将叶片卷成叶苞。一般 1 个叶苞仅有 1 头幼虫，但有时数头幼虫同在 1 个叶苞内取食，叶苞取食完后可重新结苞为害。防治：在幼虫初孵聚集为害尚未卷叶时，用 90% 敌百虫晶体 800~1000 倍液或 40% 辛硫磷乳油 1000 倍液、0.3% 苦参碱水剂 1000~1500 倍液喷杀，防治指标为百株低龄幼虫达 30~50 头。成虫发生期，设置频振式杀虫灯诱杀成虫。

2. 棉铃虫（*Heliothis armigera* L.）

棉铃虫为鳞翅目夜蛾科害虫。症状：低龄幼虫取食叶片，造成孔洞。3 龄后幼虫钻入蒴果内取食种子，造成蒴果脱落或腐烂。防治：在幼虫盛卵期，用 50% 辛硫磷乳油 1000 倍液或 25% 增效喹硫磷乳油 100 倍液、功夫乳油 5000 倍液、菊马乳油 1500 倍液喷杀。

3. 棉蚜（*Aphis gossypii* Gliver）

棉蚜为同翅目蚜科害虫。症状：以成虫和若虫群集在叶心、嫩茎、嫩果上取食汁液，造成叶片褪绿、变色、卷曲；蒴果毛茸变黑，扭曲畸形；顶芽停止生长，植物矮化还可分泌蜜露，导致煤污病。防治：用 40% 乐果乳油 1000 倍液或 50% 敌敌畏乳剂 1500 倍液喷杀，应早治和及时防治，即在发生蚜的初期就喷药消灭。喷药时以叶片背面为主。

另外，还有甜菜夜蛾、棉小造桥虫、蓟马、蝗虫、绿盲蝽、烟粉虱、棉红蜘蛛、蚂蚁、地老虎、潜叶蝇、芫菁、蜗牛、玉米螟等，可根据发生情况选择相应的药物防治。

第四节 采收与产地加工技术

一、采收技术

（一）采收标准

要求嫩果应硬韧、色绿、鲜亮，种粒开始膨大但无老化迹象。供鲜食的嫩荚，气温高时荚长 7~10 厘米，横径 1.7 厘米；温度较低时荚长 7~9 厘米，横径 1.7 厘米。供加工的嫩荚，长 6~7 厘米，横径 1.5 厘米为甲级品；长 8~9 厘米，横径约 1.7 厘米为乙级品；荚长 10 厘米以上为等外品。无论鲜食或用来加工，荚长都不要超过 10 厘米。(注：仅为参照，实际与气候、肥力、品种有关联性差异。)

（二）采收时间

一般在花谢后 3~7 天内即应采收（注：与温度成正比，高温天气通常不宜超过三天）。温度高时，嫩荚生长快，需天天采收或隔天采收；温度较低时，隔 2~3 天采收 1 次。最好于每天早晨剪收，嫩果显得更加鲜嫩。

（三）采收方法

采收人员要穿长裤和长袖衫，并戴手套，防止手、腿刺痛；要用剪刀从果柄处剪下，切勿用手撕摘，以防损伤植株；注意剪净，不要漏剪，如漏采或迟采，不仅单果老、质量差、影响食用和加工，而且影响其他嫩荚的生长发育。采收后要立即送加工厂速冻或市场立即销售，隔夜的嫩荚会迅速木质化，外观和品质都会受到影响。

（四）采后保鲜

嫩荚果呼吸作用强，采后极易发黄变老。如不能及时食用或加工，应注意保鲜，即将嫩荚装入塑料袋中，于4~5℃流动冷水中，经10分钟冷却到10℃左右时，再贮于7~10℃环境下，保持95%的相对湿度，可保鲜7~10天。远销外地的嫩果，必须在早晨剪齐果柄，装入保鲜袋或塑料盒中，再轻轻放入纸箱或木箱内，尽快送入0~5℃冷库预冷待运。如嫩荚发暗、萎软变黄时，应立即处理，不可再贮藏。

二、加工及食用技术

干花可开发为保健花茶，因其富含植物黄酮及其他营养物质而对人体肾、肝、胃、皮肤等大有助益，目前已有许多公司在批量生产。

嫩荚提取物可灌装成软（或硬）胶囊，目前为植物中补肾壮阳的极品，且因性偏凉，补向均衡，极受消费者欢迎。

老熟的种籽可开发为许多营养食品的主料或配料，尤其以开发为咖啡代用品、奶粉伴侣、奶粉配料为商家首选。

第五节　产品综合利用

一、黄秋葵的烹调

黄秋葵幼嫩荚果可供食用，青嫩时采摘，主食部位为嫩果。新鲜的嫩秋葵生吃口感确实不错，比吃黄瓜、丝瓜的风味清新得多。它肉质柔软，味道香甜，独特的香味中凸现脆嫩多汁的圆润口感。黄秋葵除可生食外，还可以炒食、煮汤、做色拉、油炸、凉拌、酱渍、醋渍、制泡菜等多种烹调方法。既可以单独煮食，也可以和其他的食物一起烹调，黄秋葵常被用来熬制浓汤或者炖肉，汤的口感就变得浓浓稠稠，味道也很鲜美。这是由于黄秋葵特有的果胶成分，使汤变稠。秋葵肉片、秋葵鱼片、素炒黄秋葵、秋葵香虾、秋葵肉（鱼）片汤、秋葵番茄浓汤都是由黄秋葵做出的鲜美菜肴。在欧洲和美国，黄秋葵是很受欢迎的蔬菜，秋葵拌空心粉沙拉也很常见，美国的南方纽奥良还有一道名餐秋葵什锦汤饭。在日本，黄秋葵还常被用来和酱油或柴鱼片凉拌，或者做成秋葵烤鳗鱼拌饭、秋葵寿司卷，等等。黄秋葵还常常被干制并且粉碎成粉末状作为调味料，这种调味料可以提供风味、增加黏度和色泽，也提供了大量的维生素、膳食纤维素、能量和矿物质。另外由于黄秋葵风味类似于茄子，所以在很多的菜谱中它被用来取代茄子。

二、黄秋葵的加工利用价值

（一）作为脂类的替代物，符合健康食品的消费需求

目前时尚的食品消费趋势是以消费低脂类的健康食品为主，为那些需要低脂食品的顾客来寻找脂类的替代物，对食品研究人员来说是非常重要的。植物类的果胶如琼脂、角叉胶、树脂、阿拉伯胶常被用来作为冷冻甜点和低脂产品的稳定剂和乳化剂。研究表明：以果胶为组成成分的黄秋葵其提取物用于冷冻牛奶巧克力甜点中，是一种可以接受的牛奶脂肪成分的替代品。黄秋葵果胶是一种产自于黄秋葵植物的水溶性果胶，它除在家庭烹饪中来增稠汤外，在脱脂巧克力饼干等制品中可以用作脂类的替代物。这种脂肪替代物也增加了黄秋葵的未来潜在价值。

（二）加工成功能性保健品，满足特定人群需要

由于黄秋葵具有抗疲劳作用，可以做成各种保健饮品。研究表明，黄秋葵水提液能明显提高小鼠耐力及耐缺氧、耐寒、耐热能力，明显降低剧烈运动后小鼠血乳酸水平；提高小鼠在应激状态下的生存能力，对抗疲劳能力提

高具有促进作用。故可将其开发为功能性保健品和健康饮品提供给有需求的特定人群。

三、黄秋葵的种子及其价值

黄秋葵的种子外形近似绿豆，种子含有多种营养成分，其中脂肪和蛋白质含量较高，还含有较多铁、钾、钙、锰等矿物质元素。黄秋葵中富含不饱和脂肪酸，如人体所必需的亚麻酸等。黄秋葵籽中含有较高的油脂和蛋白质，可作为一种新型的油脂和蛋白质资源加以利用，黄秋葵的种子含油率约20%，可提取秋葵籽油。以下是用气相色谱法对我国福建地区秋葵籽制取的秋葵籽油的脂肪酸组成进行分析，得出其主要脂肪酸含量分别为：豆蔻酸0.2%、棕榈酸30.6%、棕榈油酸0.5%、硬脂酸4.2%、油酸23.8%、亚油酸30.8%、亚麻酸0.3%、花生酸0.6%，可以看出秋葵籽油是一种营养价值较高的植物油。黄秋葵的种子除了可以作为油料以外，还可在以下几方面加以应用：

（1）黄秋葵种子粉末可以被用来做水净化中铝盐的替代物。

（2）成熟黄秋葵种子烤熟磨成细粉，其味芳香，冲调溶解快，可作咖啡添加剂或代用品。

（3）虽然其目前主要被作为香料，但可考虑将其作为一种健胃物质，止痉挛药和精神镇定剂。

（4）成熟的黄秋葵豆荚种子有时还可被用来作鸡饲料。

第十章
迷迭香

10

徐瑞

第一节　植物简介

一、基源植物及主要栽培品种

迷迭香（*Rosmarinus officinalis*）为唇形花科迷迭香属的多年生常绿芳香型亚灌木。生长季节植株会散发浓郁清甜带松木香的气味，有清心提神的功效；从花和嫩枝提取的芳香油，可镇定安神、杀菌、调理油腻的肌肤、促进血液循环、刺激毛发再生。迷迭香能够调节血压，降低毛细血管的渗透性，使血压恢复正常。常饮用迷迭香茶有助于缓和胃部症状、消除胀气、促进消化和胃痛。在西餐厅中迷迭香还是经常用到的香料。

图 10-1　湘西迷迭香

二、特征特性

（一）形态特征

迷迭香株型分匍匐型和直立性。叶革质对生，无柄，线性似松针状，叶面深绿色，叶背银白色，有细茸毛，叶缘稍向内反卷。全株具有芳香气味，春夏季开花。匍匐型迷迭香株高 30~60 厘米，硬质茎，分枝扭曲及涡旋状，横向生长可达 1 米左右。叶片偏小，一年可开花 4~5 次，且 4~5 月最多。直立型迷迭香一年生株高 60~80 厘米，多年生株高可达 2 米，树冠膨大成球形，茎成熟后木质化，木质化茎呈圆柱形，被覆白色毡状茸毛，表皮暗灰色不规则纵向开裂、褐色、多分枝、表皮粗糙。叶片对生，相邻节间叶片呈 90°，叶上表面常绿有光泽，下表面有茸毛，革质有鳞腺，叶先端钝，基部渐狭，长 3 厘米左右；叶背主脉凸出，叶缘略呈反卷。花近无梗，对生，生于枝条顶端组成总状花序，花色有粉红、蓝、白等，苞片有小柄，花萼卵状钟形，二唇形，上唇椭圆形，全缘具有很短 3 齿，下唇 2 齿。花冠蓝紫色，雄蕊一长两短，着生于花冠下唇的下方，长的两枚雄蕊发育，子房两室，药室平行，仅一室能育，果实为很小的球形坚果，长约 2 毫米，卵圆形或倒卵形，黄褐色。多年平均结实率为 11.1%，种子千粒重 0.7g 左右。

（二）生态习性

迷迭香属长日照植物，全年光照 2000 小时以上为宜，种植地宜选向阳缓坡地带，光照是影响迷迭香生长的重要因素，光照不足影响精油及其抗氧化物有效成分的质量与含量，当光照过强时迷迭香纤维素含量较高，质硬影响品质。迷迭香喜温耐旱，但是不耐涝；最适温度为 15~30℃，温度过低时生长缓慢，高温高湿情况下极易死苗。迷迭香耐旱贫瘠，幼苗时喜湿润环境，随着植株发育根系生长较快，水分需求降低，迷迭香对土壤肥力要求不高，在偏酸或偏碱的环境均能良好生长，生长上常选疏松、排水性好、透气性好的沙壤土进行种植。迷迭香在生长期对肥料不敏感，在苗期可根据土壤条件施少量的速效肥和复合肥，采收后追施氮肥，施肥方式可采用隔株穴施或机械条施。

图 10-2　泸溪迷迭香

三、区域分布

迷迭香原产地中海沿岸，以法国、西班牙、意大利、摩洛哥、南斯拉夫等国为主要栽培地区，中国在战国时期就从西域引入种植，但当时仅仅用于庭院观赏，今在北京、云南、广西、贵州、新疆等地有一定的种植面积，全国各地也有引种。

迷迭香有"海水之珠""玛利亚的玫瑰"等美称。

第二节　产业现状

一、产业规模

迷迭香提取物具有高效、无毒的抗氧化效果，可广泛应用于食品、功能食品、医药、香料、调味品和香水、日用化工等行业中（图 10-3）。迷迭香还是世界公认的第三代绿色食品抗氧化剂（天然防腐剂），是极具开发潜力的功能食品基料，市场前景广阔。在国际市场上素有"软黄金"之称的香料产品，其主要原料来源就是这些香草植物。迷迭香又是天然的植物杀菌剂，对细菌、病毒等致病微生物有极强的杀灭作用，在欧美、日本乃至台湾已被广泛用于城市园林绿化。只要在公路两旁、公园、住宅小区、家庭庭院植入适量的迷迭香，它就能常年不断地散发出香气，改善周围的空气环境，令人

心旷神怡。由于迷迭香的用途广泛，而在国内还仅仅在生物提取方面有一定的研究和产业发展，其他方面的功能功用还有待开发，具有极大的市场空间和开发潜力。

图 10-3 迷迭香干品及迷迭香精油

二、产业发展面临的主要问题

全球对迷迭香的研究较为深入及全面，各国根据本国的实际情况开展了相应的基础研究和应用研究，说明了迷迭香这一植物资源在抗氧化、增香及药理等方面作用显著，也隐藏巨大经济价值，但是在迷迭香的产业发展过程中，种植、提取及应用等仍然存在不足。首先是标准化种植、迷迭香精油、迷迭香叶干品、脂溶性鼠尾草酸、迷迭香酸等如何规范化的课题。同时应该加大这一产业科普宣传力度，让更多的人认识、了解和应用，推动产业的发展。

三、产业可持续发展对策

（一）加强迷迭香的宣传和规划化的研究

我国栽培迷迭香已有多年的历史，并且认同其应用价值，但是对迷迭香的认识和了解不多，应用也相对较少。为此加大迷迭香精油、迷迭香叶干品、脂溶性鼠尾草酸、迷迭香酸、迷迭香增香等的科普宣传，有条件的公司应加强广告力度，让更多的行业认识、了解和应用迷迭香制品，加强迷迭香精油、迷迭香叶干品、脂溶性鼠尾草酸、迷迭香酸等的国家标准研究。

（二）加强迷迭香的培育种植

尽管前期做了大量的栽培研究，但是在有机食品栽培技术领域缺少研究，特别是应用标准及规范技术在不同地区气候及土壤条件下筛选高质量、高产量的品种以及降低培育成本是一项重要的课题。

（三）提高迷迭香提取技术

迷迭香的提取容易出现产品含量较低，产品稳定性较差以及以对迷迭香为制品附加剂配方到产品中带入杂质与产品发生梨花反应的潜伏性危害等。因此在迷迭香的提取制品中，应根据有效成分化学结构的理化性质确定步骤，达到成分含量最高、杂质最少，便可有效预防成分的损失以确保提取率最大。

（四）加大迷迭香的应用研究

为推动产业的发展，应引导相关行业生产及应用迷迭香产品，让迷迭香成为城镇居民烹饪的香料，加强药理学、毒理学、药品质量控制学、药品剂型等研究，使其成为治疗疾病的药物。

第三节　高效栽培技术

一、扦插繁殖

1. 采穗圃的建设

进行扦插苗的规模生产，应建立采穗圃。圃地选择土壤肥沃、黏性小、透气性好，地势平缓，光照充足，排水良好，水源充足、交通方便，且便于管理的地方。母株应选择用优良品系的组培苗或播种苗作为母株进行种植，株距 50 厘米左右。

2. 插穗选择与处理

迷迭香易于扦插繁殖，顶芽、年生枝条以及组培苗嫩芽、嫩梢等均可作为扦插繁殖材料。在当年生枝条中根据木质化程度又可分为嫩梢、半木质化

枝条和木质化枝条。生产应用选择最多的是当年生的半木质化枝条。

扦插枝条选用当年生、健壮、母株无病虫害、节距短的半木质化枝条。长度 8~12 厘米，较长或肥壮枝条可剪成几段，但要确保每一段有 4 道以上的节。上端留叶 1~2 片，留全叶，其余抹去，下端剪成马耳形。备好的插穗放入装有清水的容器中，浸泡 5~10 分钟后用高锰酸钾灭菌消毒，然后用生根粉液浸枝促生根。从剪枝到扦插的时间不宜过长。

3. 苗床准备

苗床应选择背风向阳，地势平坦，靠近水源，透气性好，浇水后不易板结的沙质土壤。苗床可采取高床或平床，高床扦插优于平床。在扦插前 1 天用 1 克/升的高锰酸钾溶液对苗床进行消毒，准备扦插前苗床要淋透水。

4. 扦插基质

迷迭香扦插基质目前应用的种类有很多，包括泥炭土和珍珠岩的混合物，草灰和河沙土的混合物、沙质壤土，珍珠岩和河沙土的混合物，泥炭土和黄心土的混合物，菜园土、泥炭土和河沙土的混合物等。不同扦插基质对迷迭香扦插苗生根成活的影响很小，成活率均在 90% 以上。但通透性好的基质有利于苗木后期生长。

5. 扦插时间与方法

迷迭香全年均可扦插育苗，即使在较炎热的夏季，存活率仍能达到 50% 以上。早春室外扦插、冬季室内扦插最为适宜。但在不同地区最适合的扦插季节各不相同。在云南省和浙江省都为春、秋季最佳。在黔南的气候条件下，主要采用短枝扦插繁殖，在秋季进行扦插最佳。在北方，扦插的最佳时间是 3~4 月或 10 月。而在广州，春季和冬季最适合迷迭香插穗的扦插和生根。扦插时间应尽量选择在阴天或下午进行。扦插时将插穗插入土中的深度为 3~4 厘米，一般为 2 个节，株行距以 5 厘米×5 厘米为宜。扦插前将苗床用水浇湿。插入后要及时浇透水，第一次浇水以喷淋的方法为最佳，发现倒苗要及时扶正、固稳，上盖塑料薄膜保湿。

6.扦插苗管理

扦插苗在最初的半个月内，须每天浇水 1 次，浇水时间以早晚最佳，阳光强、气温高时要注意遮阴，浇水次数也要适当增加。半个月后，扦插苗开始生根。插穗扦插后每 7 天喷 1 次 1500 倍的百菌清或雷多米尔，加 0.2% 的磷酸二氢钾，可增强插穗抵抗力。扦插 10 天后即可逐渐揭开薄膜，20~25 天后把薄膜全部揭开。

迷迭香扦插育苗留圃时间一般 90 天左右。待苗木生长健壮、根系发达，苗高达 10 厘米以上时即可移栽。取苗前苗床浇透水，取苗时应用锄头挖起，尽量让土壤附着根系，并用稻草捆成小捆，以便移栽。

二、组培繁殖

（一）外植体种类及处理

目前用于组织培养的迷迭香外植体有一年生嫩枝上的叶片、茎尖、茎段等。不同的外植体其处理方法不同。叶片：洗衣粉液浸泡，流水冲洗，75% 乙醇浸泡 30 秒，用饱和漂白精溶液（过滤）浸泡 17 分钟，无菌水冲洗 3~4 次，取温室盆栽迷迭香顶芽，放在自来水冲洗 30 分钟，后用 75% 的乙醇浸泡 10 秒。用无菌水冲洗 3 遍后，加入 0.1 氯化汞溶液浸泡 5 分钟（每升溶液加吐温 2 滴），再用无菌水冲洗 5~6 遍（整个过程要不断搅拌）。最后将灭菌的材料在无菌的情况下放入无菌烧杯中备用。茎段选取生长健壮的枝条，去除叶片，投入洗衣粉溶液中清洗 2 遍，无菌水冲洗数次，然后在 20 毫克/升多菌灵溶液中浸泡，接着在超净工作台上进行以下无菌操作：第 1 次消毒用 1 克/升的氯化汞溶液浸 3 分钟，用无菌水洗 2 次；之后进行第 2 次消毒，用 1 克/升的氯化汞溶液浸 2 分钟，再用无菌水洗 5 次，将消毒好的材料切成 2.0~3.0 厘米长的小段（带 2~3 芽）。以上处理方法均能起到对外植体的消毒灭菌作用。迷迭香组织培养系统的建立可以实现迷迭香工厂化育苗。

（二）培养基选择

MS+1.0 毫克/升 2,4-D 培养基添加 20 克/升蔗糖、7 克/升琼脂，pH 值

调至 5.8。

（三）组培苗管理

移植应选择在春季和冬季比较好。将根长 5~6 厘米有 3~4 片叶的试管苗移至炼苗棚 7~10 天。将瓶苗倒在盛有自来水的大盆里，轻轻洗去基部附着的培养基，注意不要损伤根系和茎叶，否则易引起试管苗腐烂死亡。将洗净的小苗直接移植于红壤土＋砂（2∶1）的混合基质中，浇透定根水，并喷洒百菌清进行基质消毒。移栽 6~10 天内，应适当遮阴，避免阳光直射，并注意少量通风，温度保持在 25~28℃，相对湿度 80%~96%，一般成活率可达 85% 以上。

三、栽培技术

（一）种植地选择与规划

1. 种植地选择　选择土层深厚，地势平坦，肥沃，有机质含量高，pH 值在 6.5~7.5 的土壤，种植地需光照充足，排水良好，有水源，交通方便。

2. 种植地规划　整地前先施足腐熟的农家肥 30~40 吨/公顷，磷肥 300 千克/公顷。然后进行深翻、耙碎、整平。床土可掺沙，以改善土壤的透气性、透水性，增强传热能力。

（二）定植

苗长至 6~8 片真叶时即可进行定植，选用植株健壮、根系发育良好、无病无损伤的苗木。定植株行距为 40 厘米 ×50 厘米。栽种迷迭香最好选阴天、雨天和早晚阳光不强的时候。缓苗后主茎高 15 厘米时摘心，促发侧枝。第一年由于生长量较小，株行距过宽，浪费地力，可与大豆、花生等豆科作物套种。

（三）田间管理

（1）中耕除草　迷迭香一般每年中耕 2~3 次，时间分别在 3~4 月、7~8 月和 10~11 月，以保持土壤疏松透气不积水。每次中耕都结合除草、施肥及修剪。除草应根据田间情况及时进行，保持墒面无杂草。

（2）灌溉排水　迷迭香怕涝，抗旱能力强。生长季节浇水，根据土壤墒情一般每 7~10 天浇水 1 次，中后期结合气候条件和土壤墒情适时灌溉，严禁漫灌和田间积水。

（3）修枝整形　迷迭香种植成活后 3 个月就可修枝。修剪迷迭香一方面可提高其分枝数，增加产量；另一方面可控制迷迭香生长株型，有利于其大田的通风透光，提高光合效率，同时可提高抗倒伏性。每次修剪时不要超过枝条长度的一半，以免影响植株的再生能力。迷迭香在种植数年后，植株的株型会变得偏斜，应在 10~11 月或 2~3 月时从根茎部进行重新修剪。

（4）施肥管理　迷迭香不喜欢高肥，在幼苗期根据土壤条件在中耕除草后施点复合肥。1 个月喷施 1 次专用肥，专用肥主要指生物肥，如施用台湾产活力素 15 包。每次收割后追施 1 次速效肥，以氮、磷肥为主，追肥采取少量多次的原则。在迷迭香 2 个生长高峰前期分别施尿素 150 千克/公顷和磷肥 30 千克/公顷。采取隔株穴施或行间机械条施方式。

四、病虫草害防控

迷迭香抗病虫害能力强，偶发病害主要有灰霉病、白粉病和茎腐病。灰霉病可用 5% 多菌灵烟熏剂或 50% 速克灵 1500 倍液防治；白粉病选用 20% 三唑酮乳油 2000 倍液防治；茎腐病可用 50% 多菌灵或甲基托布津 2.00~1.25 毫克/升药液进行喷洒。虫害主要有蚜虫和白粉虱，可采用 5% 扑虱蚜 2500 倍液和 1.5% 阿维菌素 3000 倍液喷施防治。

第四节　采收与产地加工技术

当迷迭香新梢停止生长，叶片变厚，颜色呈深绿，株高 80 厘米以上时即可采收。采收时根据不同用途决定采收时间和方法。用于制作茶叶的采收时间为迷迭香开花时间，采收部位为花和茎尖带嫩叶的部位。用于提取精油的迷迭香最佳采收时间为 10 月左右。采收原则为采老枝，留嫩枝。一般每年可采 3~4 次。采收后应及时补水施肥，为其生长奠定基础。

第五节　产品综合利用

一、医药化工

（一）迷迭香在医学中的应用

提取物可用于生产化妆品、洗发水、香水、空气清新剂等。其独特成分还可用于研制心血管及抗癌药物。迷迭香中的鼠尾草酚、迷迭香酸和乌苏酸是其抗癌的主要成分。迷迭香对特定组织致癌物质解毒酶具有增效作用。NAD（P）H-醌还原酶是预防癌症的有效组分，通过对小鼠注射或口服迷迭香萃取物鼠尾草酚，能刺激 NAD（P）H-醌还原酶的活性，注射一定量的迷迭香萃取物试剂后，与对照相比实验小鼠的 NAD（P）H-醌还原酶的活性有明显的提高。迷迭香的鼠尾草酚能阻止二甲基苯蒽诱发的乳腺癌，鼠尾草酚还能通过下调巨噬细胞核的 B 因子来阻止 NO 合酶诱导基因表达，预防癌症的发生。

试验证明迷迭香精油的一萜类提取物能选择性地诱导细胞色素 P450 酶和解毒酶，能够单一地诱导谷胱氨酸转移酶、UDP 葡糖醛酸基转移酶、醌还原酶的产生，能在癌症化学预防上起到一定的作用。

（二）迷迭香在生物农药中的应用

迷迭香提取物越来越多地运用到生物农药的生产运用中，早期的研究发现，迷迭香的单萜类物质可杀灭多种害虫，主要是影响害虫的产卵活性。这类物质与常用的生物农药制剂香茅醛、麝香草酚、丁香酚相比，迷迭香对植株的毒害作用最小。

二、食品科学应用

可采收迷迭香用来做料理或泡茶。迷迭香花草茶有消除疼痛、有益心脏及帮助入眠的功效。花茶的采收部位为花和茎尖带嫩叶的部位，采收后进行适当的加工（图 10-4）。迷迭香广泛用于烹调，新鲜嫩枝叶具有强烈芳香，可消除肉类腥味。迷迭香的迷迭香酸、二萜酚类等化合物具有强的抗氧化作用，广泛用于食品保鲜方面。

（一）抗氧化性

迷迭香枝叶萃取物，可以有效地阻止油脂氧化，并在高压和高温下不易分解，是食品工业上重要的抗氧化剂。对多种复杂的类脂物的氧化有着较好的抗氧化效果，其提取物中的二萜酚类对油酸、玉米油的甘油三酸脂、甲基亚油酸盐都有很强的抗氧化性。迷迭香的提取物与传统的抗氧化剂相比，具有更好的抗氧化性。在新近发现的天然生物抗氧化剂的抗氧化试验中，迷迭香提取物比棕榈油、生育酚、柠檬酸、牛磺酸等拥有更强的抗氧化性，并能与棕榈油产生抗氧化增效作用。

（二）防腐剂

迷迭香提取物及其二萜酚类成分同时具有明显的抗微生物活性，熊果酸和鼠尾草酚能抑制食品中常见的酵母菌和细菌的生长，其中鼠尾草酚对微生物抑菌作用远远大于 BHA 和 BHT，鼠尾草酚酸对金黄色葡萄球菌最有效，能有效地防止食品变质，迷迭香精油或提取物组成的防腐剂，可很好地抑制酵母菌或寄生在外皮上的致病菌，尤其是瓶型酵母菌的生长，该防腐剂毒性低，可作为天然抗菌剂。

（三）祛臭剂

迷迭香有天然的芳香气味，可以掩盖、调和其他味道，采用溶于某载体介质中的常绿灌木类芳香植物迷迭香萃取物制成的祛臭剂，可以作为医药卫生品的加香剂。

三、香薰保健作用

迷迭香植物有直立型和匍匐型品种，花颜色多样，有白色、蓝色和粉红色，叶子常绿，芳香浓郁，能使空气清新、且留香时间长，具有很好的香薰效果。迷迭香具有提神醒脑、增强记忆力的功效，可布置于会议室、办公室、教室等场所。大型盆栽可用于装饰酒店、门廊过道等公共场所。迷迭香精油产品主要用于美容保健、空气清新剂、灭菌杀虫灯、日用化工业方面。

四、园林绿化

由于迷迭香四季常绿，冬季在南方地区可自然越冬，南方可作为常绿材料，用于花坛、绿地片植、孤植或丛植，也可用作小绿篱或花篱。迷迭香耐修剪，也可作为美丽的盆景材料。

图 10-4　迷迭香产品

第六节　典型案例

长沙慧日生物技术有限公司自 2016 年引种小叶迷迭香，从 2017 年下半年开始育苗及推广种植，至 2018 年底，先后在湘西龙山县推广种植约 700 亩，张家界慈利县推广种植约 300 亩，湘潭县云湖桥镇和梅林桥镇种植约 400 亩，总计约 1500 亩。现慧日生物在怀化安江和湘潭梅林桥各建设了一个种苗繁育基地，可年产迷迭香种苗 5000 万棵，可供应种植面积达到 2 万亩。公司正在湘潭县筹建年加工鲜枝条 10000 吨的迷迭香烘干及仓储设施，届时，慧日生物将为迷迭香种植户或企业提供从种苗供应到技术指导、到产品初加工和销售的全方位的整套服务。

2017 年 8 月，慧日生物与湘西龙山县内溪乡五官村签订了 300 亩迷迭香的种苗供应与技术服务合同。五官村是长沙市开福区政府的对口扶贫村，开福区政府为项目推进提供了重要的资金和信息支持。为了更好地实施药材种植项目，该村成立了中药材种植专业合作社，由村主任担任合作社的负责人并承担与慧日生物的技术对接的工作。在慧日生物的建议下，五官村选择了刚开发出来的 300 亩向阳的山坡地种植迷迭香。这片土地虽然相对较贫瘠，但具有坡度适宜、排水好、光照充裕、通风好、交通便利、集中连片等规模化种植迷迭香所要求的其他全部有利条件。在慧日生物的密切配合下，该村于 2017 年 11 月和 2018 年 4 月，分两批顺利完成了全部 300 亩迷迭香的种植，截至 2019 年 5 月，成活率超过 90%。2018 年 11 月，对第一批种植的苗开展了第一次采收并顺利销售完毕，到目前所有成活的植株均已达到采收条件。经现场抽样、采收、称重，单棵迷迭香鲜枝条的采收量平均为 550 克，按照 2 元/千克的现行市场收购价格计算，在成活率为 90% 的前提下，单亩一次采收的收益约为 2500 元。至 2020 年每年可采收 2 次时，预计每年可以为合作社带来 150 万元的收入，其中归属集体的利润约 90 万元，为当地村民增加务工收入约 45 万元，体现了良好的产业扶贫效应。该合作社还尝试在迷迭香地中套养土鸡，生态除草效果明显，同时还增加了土地产出，一举两得。龙山县经信局、中药材产业办于 2018 年 9 月组织全县的乡镇领导到五官村迷迭香种植基地召开了迷迭香种植推广现场工作会议，随后明确了 2019 年在全县种植 1 万亩迷迭香的目标和计划，目前该计划正在顺利实施中。

略晚于五官村，位于龙山县农车镇的五行中药材发展有限公司也在 2019 年 4~5 月种植了 300 亩迷迭香，在随后 7 月初的罕见暴雨以及接下来的干旱，五行公司的迷迭香损失了约 100 亩，但剩下的 200 亩仍有着超过 80% 的成活率，且目前长势良好、已经达到采收标准。后五行中药材发展有限公司与慧日生物进一步深化合作，成为龙山县迷迭香推广的种苗供应商之一。

2018 年 5 月，慧日生物分别在湘潭县云湖桥镇和梅林桥镇种植了 100 亩和 350 亩的迷迭香作为示范基地，种植户可以随时前往考察、学习，直观地了解迷迭香的种植技术要领及采收等方面的情况。

第十一章
山银花

周佳民

第一节　植物简介

一、基源植物及主要栽培品种

山银花为忍冬科忍冬属植物，又名忍冬、金银藤、银藤、二色花藤，为多年生半常绿缠绕性藤本灌木药用植物。根据《中华人民共和国药典》2015版（一部）规定，山银花为忍冬科植物灰毡毛忍冬 *Lonicera macranthoides* Hand.-Mazz.、红腺忍冬 *Lonicera hypoglauca* Miq.、华南忍冬 *Lonicera confuse* D C. 或黄褐毛忍冬 *Lonicera fulvotomentosa* Hsu et S.C.Cheng 的干燥花蕾或带初开的花。

作为中药山银花流通及使用的品种复杂，全国山银花栽培分为两大品系：以山东、河南为代表的忍冬品系；以湖南隆回、溆浦，重庆秀山，广西为代表的灰毡毛忍冬品系。商品性好、花期长、花蕾大、高产抗病的优质高产品种主要有"尖叶银花""圆叶银花""长叶银花""毛叶银花""山银花早丰1号""亮叶山银花"九丰1号、金花3号、蒙金1号等。目前，湖南种植面积较大的品种主要是"金翠蕾"（图11-1）、"银翠蕾""白云""湘蕾一号"等。

图 11-1　山银花（金翠蕾）

二、特征特性

山银花小枝细长，中空，藤为褐色至赤褐色。叶对生卵形，枝叶均密生柔毛和腺毛。花初为白色，渐变为黄色，黄白相映，浆果球形，熟时黑色。花期 4~7 月（秋季亦常开花），按照花蕾的发育程度，可以将山银花分为 7 个形态上有明显差别的时期，分别是米蕾期（又称幼蕾期，花蕾米粒大小，绿色）、青蕾期（花蕾唇部开始膨大，绿色）、二白期（又称白蕾前期，花蕾上白下青）、白蕾期（花蕾上下全白）、银花期（花蕾初开放，花蕾银白色）、金花期（金黄色花）和凋花期（花朵开始萎缩凋谢）。

果熟期 10~11 月（在湖南，结实率极低）。山银花适应性很强，耐涝、耐旱、耐热、耐寒。在山岭瘠薄地、土丘荒坡、路旁地边、河旁堤岸以及林果行间均可种植。

三、区域分布

我国多数地区的气候、土壤等条件都适宜山银花生长，山银花广泛分布于华北、西北、西南、华南以及东南等地，湖南的湘南地区属亚热带季风湿润气候区，非常适宜于山银花的生长；其中，隆回县、溆浦县及其周边县是湖南省山银花的主产区。

第二节　产业现状

一、产业规模

山银花主要产地在湖南、重庆、贵州、安徽、陕西、湖北、四川、浙江、山西等地，种植的主要是灰毡毛忍冬，湖南省是山银花的主产区之一，种植面积曾经达 1 万多公顷，年产量 1 万多吨，产值 2 亿元；其中，湖南隆回县被国家林业局命名为"中国金银花之乡"，种植生产已发展到 26 个乡镇，涉及农户 15600 户，有 5 万多户药农的年销售收入平均达 1.5 万元以上，吸纳其他行业的从业人员 12000 多人，建成了以小沙江镇、虎形山瑶族乡、麻塘山乡为核心的全国最大山银花产业初加工产业集群，年干燥产能达 7000 余吨，创产值 4 亿元左右，形成了生产、加工、销售产业链。

二、产业发展面临的主要问题

（一）政府引导力度不够、产业导向性弱

近年来，山银花种植面积迅速扩大，总产量迅速增加，但产业的组织形式和经营模式老化，从种植、生产、管理、加工到销售的产业链没得到加强，从而影响整个山银花产业的可持续发展。

（二）科研投入少、应用研究基础薄弱

由于各级政府的科研资金投入较少，科研人才缺乏，技术服务体系不健全，在山银花种植技术方面，没有建立起与产业发展相配套的技术服务体系和专业人才队伍，在诸多方面的研究不足；培育出的优良品种少，新技术、新品种推广少；种植管理培训、技术指导以及产品销售等方面都未达到产业化发展的要求。

（三）产品研发滞后、品牌效益不明显

由于科研投入不足，科研机构和企业对于新产品的研发能力不能满足精深产品研发的需求，开发精深加工产品少，产品的附加值低，缺乏市场竞争力。现有的加工企业一般以山银花干燥加工为主，部分深加工产品的加工量

小，打开市场的能力有限。

三、产业可持续发展对策

（一）政府加强引导、强化组织保障

结合湖南省山地丘陵较多的实际情况，各级政府因地制宜、统筹规划，加强对山银花产业的引导，把发展山银花与农业结构调整相结合，与扶贫开发相结合，形成栽植生产、管理加工、销售一体化产业格局，为我省山银花产业的可持续发展注入活力。

（二）加大科研投入、提高科技支撑力度

各级政府加强引导力度和资源保障能力，加大政府部门、科研部门、企业和农户的合作力度，建立稳定的科研协调机制，联合中药材企业、大专院校、科研机构等相关单位，对各类技术人员进行培训，培养稳定的产业技术队伍，提高科技对产业支撑的强度，保障山银花产业的健康发展。

（三）强化品牌意识、延长产业链条

大力扶持山银花产品深加工企业与科研机构联合开发力度，创建和保护自己的品牌，提高我省山银花品牌和市场知名度；同时，不断提高资源综合开发利用能力和水平，积极发展山银花药食兼用食品、保健化妆品、化工原料、有机肥料、饲料等非药用相关产业，延长产业链条，使山银花产业不断发展壮大。

第三节　高效栽培技术

一、产地环境

山银花生长发育对气候要求不严，气温 5℃以上，开始萌芽，16℃以上新梢生长并开始孕蕾，20℃左右花蕾可以生长发育。

山银花生活力强，对土质要求也不严，耐盐碱、耐瘠薄，对土壤酸碱度

适应性较强，在 pH 值 5.8~8.5 范围内可正常生长开花；山银花喜阳不耐荫蔽，为了达到丰产、优质，应选择阳光温和湿润、背风向阳以及土层深厚、土壤疏松肥沃、排水良好的沙壤土或壤土种植山银花。

二、种苗繁育

（一）品种选择

我国作为中药山银花流通及使用的品种复杂，《中国药典》2005 年版将山银花分列为山银花和金银花。湖南的山银花主要是灰毡毛忍冬品系，目前，种植面积较大的品种主要是"金翠蕾""银翠蕾""白云""湘蕾一号"等。

（二）繁殖技术

山银花育苗方法有种子繁殖和无性繁殖，无性繁殖包括扦插、分根和压条，生产上一般采用扦插繁殖。

（1）建立苗圃。苗圃地应选择耕作层深厚，较肥沃的微酸或微碱性的沙壤土或壤土上。在扦插床内铺上煤渣和纯净的河沙，每亩施土杂肥 2500 千克，深翻 60 厘米。

（2）扦插时间。山银花藤条生长季节均可进行扦插繁殖，可于春季、秋季进行，春季宜在新芽萌发期，秋季 9 月初至 10 月中旬为好。

（3）插穗选择。选取一至二年生、直径 0.3~0.5 厘米植株枝条截成长 30~40 厘米的插条，每个插条 3~4 个节，叶片可剪去 1/3，在插条 2~3 个节芽的上方 1~2 厘米处剪成平口，下端近节处剪成马耳形斜口。插条用吲哚丁酸、萘乙酸钠和多菌灵 500 倍液浸蘸处理 5~10 分钟，稍晾干后立即进行扦插。

（4）扦插方法。按株行距 150 厘米 ×150 厘米挖穴，穴直径和深度各 30~40 厘米，挖松底土，每穴均匀直插或斜插插条 3~5 根，入土深度为插条的 2/3，至少有 1 个芽露在土面。

（5）田间管理。田间要保持土壤湿润，防治干旱或积水。

三、栽培技术

（一）整地

栽植前先要进行土地耕翻平整，土壤深翻一般 30 厘米左右为宜；按厢宽 1.5~2.0 米，沟宽 0.5 米，沟深 0.4 米，打碎土块，开沟分厢。

（二）合理密植

按照 1.5 米 ×1.0 米的行株距挖 30~40 厘米见方的定植穴；挖穴结合施腐熟农家肥进行，每穴施入腐熟有机肥 3~5 千克、过磷酸钙 0.5 千克。

（三）适时栽植

山银花一年四季都可栽植，最佳定植期在 9 月中旬至 11 月上旬。

（四）栽植方法

将种苗垂直放在穴内，回填原肥土、压实，然后将种苗轻轻往上提一下，再次覆土、压实，浇定根水，待水下渗后及时封土，并将苗扶正（栽植深度以种苗秆上原土印迹以上 1.0~2.0 厘米为宜）。荒山荒坡、退耕还林地和水土保持区还应留积水坑（直径 20 厘米左右）。

（五）施肥

山银花是喜肥药用植物，一年之内需多次施肥。基肥一般在山银花最后一茬花采收结束后进行，以经高温发酵或沤制过的有机肥为主，并配少量的氮、磷、钾肥。亩施优质腐熟畜禽圈肥等有机肥料 2000~2500 千克、三元复混化肥 40~50 千克，施基肥的方法有条沟施肥法、环状沟施肥法、撒施法。

追肥一般每年 2~3 次。第 1 次追肥在早春萌芽后进行，每墩施入土杂肥 5 千克，配施一定的氮肥和磷肥，氮肥可用尿素 50~100 克，磷肥可用过磷酸钙 150~200 克。以后在每茬花采完后分别进行一次追肥，以氮肥和磷肥为主，数量与第 1 次追肥的量相同，最后一次追肥应在末次花采完之前进行，以磷肥和钾肥为主，每株施硫酸钾 150~200 克。另外也可叶面追施一些微量元素，如硼砂、硫酸镁、磷酸二氢钾、硫酸锰或硫酸铜等。

（六）水分管理

山银花的灌水次数和灌水量要根据其需水规律、土壤条件和降水情况来确定，在生长期间要及时做好排涝工作。一般在每年发芽、入冬之前和每茬花施肥之后需要浇水一次，掌握冬灌足、春灌早的原则。

（七）整形修剪

山银花干性较弱，生产上都是根据目标树形通过短接花枝和去除适当枝条来整理成形，有利于树冠的生长和开花。山银花主要有伞型、自然开心型、疏散分层型及圆头型多种形状，伞型和自然开心型整型容易、修剪量少，容易实现早期丰产，是生产上常用的树形。具体整型修剪办法：新栽植的山银花要培育直立粗壮的主干，在主干旁竖插一根高出地面 1.3~1.5 米的竹竿或木桩，将山银花主干绑缚在竹竿或木桩上，当主干高度在 30~40 厘米时，剪去顶梢，促进侧芽萌发成枝，再培育成侧枝，然后在上部选留粗壮侧枝 4~5 个作主枝，分两层着生培养，每层主枝保留 5~7 对芽，剪去上部顶芽，摘去勾状形的嫩梢。

山银花修剪强度分为：①重剪，枝条剪去 2/3，保留 3~4 对芽。②轻剪，枝条剪去 1/2，保留 5~6 对芽。③打顶，枝条仅剪去顶芽。山银花的常规修剪分夏季修剪和冬季修剪。夏剪（即生长期修剪）则在每次开花之后进行，共进行 3 次，第 1 次剪春梢于 6 月上旬进行，以打顶为主，在主干 40 厘米去顶，第 2 次剪夏梢于 7 月下旬进行，剪掉分生营养侧枝的梢尖部，以轻剪为主。第 3 次剪秋梢于 9 月上旬进行，以轻剪为主，重剪为辅。以"弱枝轻剪、旺枝轻剪"为原则，一般是剪除全部无效枝，壮旺枝条剪除留长些，中等枝条剪除留短些，目的在于促进植株多茬花的形成，提高药材产量。

冬剪以重剪为主，轻剪为辅，在每年的霜降后至封冻前，疏除病虫枝、过密枝、细弱枝、枯老枝、匍匐枝、交叉枝、横串枝及扰乱树形的枝条，培养成花枝组，使养分集中于抽生新枝和形成花蕾。

四、病虫草害防控

（一）病害防治

山银花是药食两用植物，病虫草害防控应坚持"预防为主、综合防治"的植保方针，以农业防治为基础，农业措施与化学防治相结合，科学使用高效低毒低残留农药，综合运用各种防治措施，减少病害所造成的损失。山银花常见病害有褐斑病、白粉病、枯萎病、叶斑病、锈病、炭疽病和根腐病等。

1. 褐斑病

褐斑病主要为害山银花叶片，叶片受害后，在叶片上呈深褐色小斑，中部颜色稍浅，后期病斑背面长出一层明显的灰黑色霉状物，后扩大成褐色圆斑或受叶脉限制呈多角形病斑。病害严重时，叶片早期枯黄脱落。褐斑病多在山银花生长中、后期发病，7~9月为发病盛期，多雨潮湿的条件下发病严重。

防治方法：①结合秋冬季修剪，除去病枝，清扫地面落叶，集中烧毁或深埋；发病初期注意摘除病叶，以防病害蔓延。②施肥上增施有机肥，控施氮肥，多施磷钾肥，促进树势生长健壮，提高抗病能力。③多雨季节及时排水，降低土壤湿度，适当修剪，改善通风透光，以利于控制病害发生。④喷施退菌特、菌毒清水剂、70%甲基硫菌灵可湿性粉剂、70%代森锰锌600~800倍液，或1：1：200倍的波尔多液每隔7~10天喷1次，连喷2~4次。注意交替轮换用药，以提高防效。雨天或晴天中午不宜喷药。

2. 白粉病

白粉病主要为害叶片，有时也为害茎和花，叶上病斑初为白色小点，后扩展为白色病斑，后期整片叶布满白粉层，严重时叶片发黄变形卷曲、落叶；茎上病斑褐色，不规则形，上生有白粉；花受害，皱缩或扭曲变形，严重时脱落。田间种植密度大或施用氮肥过多易发病，在早春温暖、干旱的条件下发病严重。

防治方法：①合理密植，避免在阴湿地上栽培，整形修枝，改善通风透光条件可增强抗病力。②少施氮肥，多施磷钾肥。③选用抗病品种。④用

50% 多菌灵可湿性粉剂 500 倍液，或 15% 粉锈宁可湿性粉剂 1200 倍液，或 50% 瑞毒霉锰锌 1000 倍液或 75% 百菌清 800~1000 倍液喷雾防治，每 7 天喷 1 次，连喷 2~3 次。

3. 枯萎病

枯萎病田间多表现为整株发病，一般随种植年限的增加呈加重趋势。病株全株叶片叶色变浅发黄，茎基部表皮呈浅褐色，随着病情加重，整株颜色变黄愈加明显，中上部叶片受害更重，有的叶缘变褐枯死，茎基部表皮呈黑褐色，典型病株花蕾少而小；重病株主干及老枝条上叶片大部分变黄脱落，新抽出的嫩枝条变细、节间缩短，叶片小且皱缩，甚至全株枯死，或某一茎秆或半边萎蔫干枯，剖开病秆，可见导管变成深褐色。

防治方法：①重病株挖出并带出田外集中烧毁，同时在树坑内撒入药土（用五氯硝基苯粉剂或氯溴异氰尿酸粉剂 1∶100 比例配制成药土）或生石灰（100~150 克/穴）进行消毒。②用 20% 噻唑锌悬浮剂、农抗 120 等 300~500 倍液进行灌根，每株灌药液 250~500 毫升，每隔 3~7 天 1 次，连续防治 3~5 次。

4. 叶斑病

叶斑病主要为害叶片。发病初期叶片上出现水渍状，边缘紫褐色，中间黄褐色小斑，后期数个小斑融合在一起，病斑圆形或椭圆形，潮湿时叶片背面病斑中生有灰色霉状物。干燥时病斑中间部分容易破裂。病害严重时，叶片早期枯黄脱落。一般先由下部叶片开始发病，逐渐向上发展，病菌在高温的环境下繁殖迅速。一般 7~8 月发病较重，植株被害严重时，易在秋季早期大量落叶。

防治方法：①加强田间管理，每年春秋两季进行中耕；秋季彻底剪除病枝，扫清落叶，集中带出田外烧毁。②每年 5 月下旬、7 月初各施 1 次氮肥、磷肥，秋季施 1 次土杂肥。③ 50% 多菌灵 800~1000 倍液，80% 甲基托布津 1000~1500 倍液，或 1∶2∶200 波尔多液交替喷雾防治，每隔 10 天喷 1 次，共喷 2~3 次。

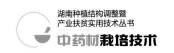

5.锈病

又称铁锈病，主要为害叶片。受害后叶背出现茶褐色或铁锈色或暗褐色小点，有的在叶表面出现近圆形病斑，中心有1个小疱，微隆起，严重时可致叶片枯死。喜高温，湿季多发易流行。

防治方法：①少施氮，增施钾。②三唑酮或代森锌500~800倍液，隔10天喷1次，共喷2~3次。

6.炭疽病

全株受害。叶片病斑近圆形，潮湿时叶片上着生橙红色点状黏状物，先红褐色，后黑褐色，生龟裂，易穿孔。幼苗病斑红褐色，呈溃疡状凹陷。茎受害时易倒伏，终枯死。春秋季为发病高峰期，阴雨多湿易流行。

防治方法：①清理病枝病叶，保持田间干净。②田间排水畅通，降低湿度。③百菌清或硫菌灵500~800倍液，隔7天喷1次，共喷2~3次。

7.根腐病

根腐病主要为害山银花根系及根茎部位。该病造成主干及老枝条上叶片大部分变黄脱落，新长出的嫩枝条变细，节间缩短，叶片小且皱缩，甚至全株枯死，茎基部黑褐色腐烂。每年6~7月高温多雨发病严重。

防治方法：①增施有机肥及磷钾肥，促进植株健壮生长。②及时排水降湿。③可用农抗120水剂或40%甲基立枯磷400~500倍液灌根，或用50%甲基托布津可湿性粉剂、50%多菌灵可湿性粉剂800~1000倍液喷雾，每15天喷1次，连喷3~4次。

（二）虫害防治

山银花常见虫害主要有蚜虫、天牛、红蜘蛛、尺蠖、蛴螬、粉斑螟等。

1.蚜虫

蚜虫为害叶片、花蕾和嫩梢，主要集中在植株顶部嫩叶上刺吸叶片汁液，使叶片卷缩发黄，花蕾畸形，严重时造成减产或绝收；每年的4月中旬至5月下旬气温15~25℃大量发生。

防治方法：①清除杂草，保持田间干净，将枯枝、烂叶集中烧毁或埋掉，减轻虫害；②用 10% 吡虫啉、蚜虱净、50% 抗蚜威、辛硫酸等药剂 500~1000 倍液喷雾 2~3 次。现蕾后禁止施用农药。

2. 天牛

天牛主要为害山银花根、茎秆和枝条。幼虫钻入根部或茎秆，致主干或主枝衰老枯死。

防治方法：①发现为害植株时，要及时剪除病虫枝，移出园外集中烧毁。② 5 月上旬至 6 月下旬，当幼虫尚未蛀入茎秆之前，将 80% 敌百虫 500 倍液浸过的药棉塞入虫孔用泥封住，毒杀幼虫；成虫出土时，用 80% 敌百虫 1000 倍液灌注花墩。③用糖醋液（糖：醋：水：敌百虫为 1：5：4：0.01）诱杀成虫。

3. 红蜘蛛

红蜘蛛主要为害芽、叶，尤以嫩芽、嫩叶受害最为严重。在叶背集中产卵。孵化期集中，幼虫大量取食汁液，造成植株卷叶、尖、黄化，出现黄白褐斑，严重时干枯脱落；红蜘蛛种类繁多，体积微小，繁殖能力强，全年均可发生，高峰期为 5~7 月，7 月大量落叶成灾。

防治方法：①剪除病虫枝和枯枝，清除落叶枯枝并烧毁。②发芽前喷施 3~5 波美度石硫合剂，消灭越冬成螨；也可用阿维菌素乳油 1000 倍液、5% 克大螨乳油 2000 倍液、20% 卵螨净可湿性粉剂 2500 倍液喷雾防治。

4. 尺蠖

对山银花有为害的尺蠖主要是金银花尺蠖和双肩尺蠖，每年发生 4 代，一般在头茬花采收后为害最为严重，幼虫在叶背啃食叶肉，使叶片出现许多透明小斑，随着尺蠖龄期的增长其为害程度越大，严重时可把整株山银花叶片和花蕾全部吃光。

防治方法：①冬季时及时剪除枝条，将枯枝落叶清理并焚烧，破坏其越冬环境。②用敌百虫、辛硫磷乳油、5% 克大螨乳油、20% 卵螨净可湿性粉剂 1000~1500 倍液喷雾防治。

5. 蛴螬

蛴螬 (成虫为金龟子、有趋光性和假死性) 是鞘翅目金龟甲的幼虫，头褐色，体乳白色、淡黄色，身体向腹面弯曲成 "C" 形，体表有许多横皱褶。有胸足 3 对，褐色，较长，栖息于耕层土壤中，咬食山银花的根系，导致山银花的地上部萎蔫干枯死亡。每年 4~5 月和 9~10 月是其为害盛期 。

防治方法：①冬前，将山银花大田进行一次深翻，将蛴螬越冬虫翻出地面，把害虫冻死，减少越冬基数。②成虫金龟子有较强趋光性，在山银花基地附近安装杀虫灯，进行诱杀；可选用 50% 马拉磷乳油或 50% 辛硫磷乳油 1000~1500 倍液喷雾或 80% 晶体敌百虫 800~1000 倍液灌根。

6. 粉斑螟

粉斑螟为山银花储藏期的害虫，产卵于药材包装品上。1 年发生 4 代，以幼虫越冬，翌年春暖化蛹，5 月中旬前后成虫出现，幼虫为害期为每年 5~10 月，幼虫蛀食花蕾，有吐丝结网的习性。

防治方法：①山银花的水分干燥要达到储藏标准，储藏环境要密封、防潮、降氧。山银花药材在储藏期间，选择夏季晴天，将山银花药材摊在干燥的水泥场地上，在烈日下曝晒高温杀虫。②通常使用磷化铝熏蒸。可用塑料帐幕密封药材垛，或将仓库房密封熏蒸，帐幕熏蒸每立方米体积用药 5~7 克，仓库熏蒸每立方米体积用 2~3 克，密封熏蒸 4~5 天。

第四节　采收与产地加工技术

一、采收技术

山银花的药用部位主要是花，山银花种植后第二年开始产花，第三年进入丰产期，每年采集 3~4 茬，一般第一茬花开花集中，产量最高，一般在 5 月中、下旬，采摘第一茬花，此后会陆续开第二茬、第三茬、第四茬花。山银花开花时间集中，花期一般在 15 天左右。

山银花采收的最佳时间为每天的清晨和上午。下午采收应选择在太阳落山之前结束采收。采收时只可采成熟花蕾与接近成熟的花蕾，尽量只采摘达到采收标准的花蕾，不要携带叶子等其他杂质，采摘花蕾要做到"轻摘、轻握、轻放"，采摘时注意不要折断枝条，以免影响下茬花的质量。采后放进条编或者竹编的篮子内，保证通风透气，集中时不可堆成大堆，应摊开摆放，或者及时加工干燥，放置时间不能太长，最好不要超4小时，以免导致花蕾变质，品质下降，降低商品性。

二、加工技术

采回的鲜花要及时进行加工，让其变成干燥花蕾，主要方法有晒干、晾干和烘干等。天气适宜时，可采用晒干或晾干。将采回的鲜花用手均匀地撒在苇席或打扫干净的场地上晾晒，不宜翻动，晾晒至八成干时可堆积。一次性晒干的山银花，过一段时间还要再晾晒1~3次，然后即可装袋销售。

天气不适宜时，可采用烘干法。随着科学技术的发展和设备的改进，烘干法能适应当今工业化大生产的需求，是当今生产上常用的方法。烘干时，要注意通风排气，避免烘干产生的二氧化硫等有害物质污染山银花。无论是晒干还是烘干，在花蕾干燥前都不能用手触摸或翻动，否则会导致花蕾变黑，降低品质，影响销售。

第五节　产品综合利用

山银花在中药中定性为忍冬科植物忍冬的干燥花蕾或带初开的花，在风热上呼吸道感染、丹毒、痈肿疔疮等疾病治疗中，广泛应用，历史悠久，已成为临床常见药材。山银花同属植物较多，使用品种较多且用量大，市场流通药材品种多样复杂。山银花在饮料食品业和医药业等领域市场前景广阔。

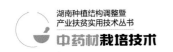

一、山银花在饮料食品业的综合利用

山银花不仅是优良的药物，而且在保健养生中也是绝好佳品。用山银花做成茶饮用，可起到消暑、解热等多种作用。以山银花为主要原料，佐于野菊花、麦冬、青梅、甘草、桑叶、茅根、胖大海、罗汉果等药食兼用植物，经过多次萃取、过滤、复配、灭菌等工艺，制备出保健茶，可清热解毒、消暑生津，用于急慢性咽炎、扁桃体炎，缓解咽喉疼痛等。

目前，山银花的保健作用也日益被人们所认识，发展山银花复合饮料产业也是山银花产业的发展方向。主要产品有：山银花酸奶饮料、山银花保健酒、山银花糖果、山银花冰淇淋、山银花米粉、山银花面条、山银花皮蛋、山银花莲藕复合饮料、山银花桑叶复合保健饮料、山银花绿豆皮纤维保键饮料、山银花－菊花－苦瓜保健饮料、芦荟－山银花复合饮料、芦荟山银花蜂蜜复合功能营养口服液、山银花啤酒、山银花可乐、山银花保健白酒。

二、山银花在化工行业的综合利用

近年来，山银花在香料、化妆品、保健品等领域逐渐被应用。在日化工业方面，已研制开发出山银花香水、山银花牙膏、山银花香皂、山银花花露水、山银花洗涤剂、山银花驱蚊物、山银花卫生巾、山银花保健枕芯、山银花香烟、山银花涂料、山银花面膜、山银花护肤液等化工产品。

三、山银花在医药领域的开发利用

据药理研究，山银花功能成分具有多种药理活性，包括抗炎、抗菌、抗病毒、抗氧化、保肝、抗肿瘤等，无论单独使用还是制成各种复方制剂，均已广泛应用于临床实践。制药方面，已由传统的中药配方中的煎剂发展为片剂、丸剂、冲剂、膏剂、口服液、注射液等山银花制剂，目前市场常见的有脉络宁注射液、双黄连、清开灵、银翘解毒丸、复方大青叶等产品。

目前，山银花在花卉盆景、饲料、戒毒、戒烟等方面也有实际的运用，但山银花的综合利用还是以药材原料为主，产业的规模化生产还处于起步阶段，随着科技发展和人民生活水平的提高，山银花的产业链必将进一步发展壮大。

第十二章
栀子

彭斯文

第一节　植物简介

栀子（*Gardenia jasminoides* Ellis）别名：黄栀子、山栀、白蟾，是茜草科植物栀子的果实（图 12-1）。栀子的果实是传统中药，9~11 月果实成熟呈红黄色时采收，除去果梗和杂质，蒸至上汽或置沸水中略烫，取出，干燥。属卫生部颁布的第 1 批药食两用资源，具有护肝、利胆、降压、镇静、止血、消肿等作用。在中医临床常用于治疗黄疸型肝炎、扭挫伤、高血压、糖尿病等症。含番红花色素苷基，可作黄色染料。

一、基源植物及主要栽培品种

栀子全球约 250 种，分布于东半球的热带和亚热带地区。我国有 5 种、1 变种，产于中部以南各省区。分别是栀子（*G. jasminoides*），白蟾 [*Gardenia jasminoides* var. *fortuneana*（Lindley）H. Hara]，匙叶栀子（*G. angkorensis*），海南栀子（*G. hainanensis*），大黄栀子（*G. sootepensis*），狭叶栀子（*G. stenophylla*）。

因生长在不同的环境，使其习性、叶的形状及大小、果实的形状及大小等均发生一些变异。其变异主要可分为两个类型：一类通常称为"山栀子"，即黄栀子，果卵形或近球形，较小；另一类通常称为"水栀子"，果椭圆形或长圆形，较大。据称前者适为药用，后者适为染料用。一些学者亦根据其叶、花、果实等的变异，定为若干变种或变型。

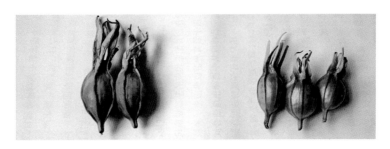

图 12-1　水栀子和黄栀子比较（左为水栀子，右为黄栀子）

目前，湖南已初步筛选出湘栀 3 号、湘栀 18 号、湘栀 20 号等具有树势强健，立枝开阔，叶片质地厚，叶色浓绿，果实色泽鲜艳，产量高，栀子苷含量高等优点，对我省气候环境、土壤条件，耕作水平适用性强，抗病性强的优良品种。

二、特征特性

（一）植物特性

栀子为灌木，高 0.3~3 米；嫩枝常被短毛，枝圆柱形，灰色。叶对生，或为 3 枚轮生，革质，稀为纸质，叶形多样，通常为长圆状披针形、倒卵状长圆形、倒卵形或椭圆形，长 3~25 厘米，宽 1.5~8 厘米，顶端渐尖、骤然长渐尖或短尖而钝，基部楔形或短尖，两面常无毛，上面亮绿，下面色较暗；侧脉 8~15 对，在下面凸起，在上面平；叶柄长 0.2~1 厘米；托叶膜质。

花芳香，通常单朵生于枝顶，花梗长 3~5 毫米；萼管倒圆锥形或卵形，长 8~25 毫米，有纵棱，萼檐管形，膨大，顶部 5~8 裂，通常 6 裂，裂片披针形或线状披针形，长 10~30 毫米，宽 1~4 毫米，结果时增长，宿存；花冠白色或乳黄色，高脚碟状，喉部有疏柔毛，冠管狭圆筒形，长 3~5 厘米，宽 4~6 毫米，顶部 5~8 裂，通常 6 裂，裂片广展，倒卵形或倒卵状长圆形，长 1.5~4 厘米，宽 0.6~2.8 厘米；花丝极短，花药线形，长 1.5~2.2 厘米，伸出；花柱粗厚，长约 4.5 厘米，柱头纺锤形，伸出，长 1~1.5 厘米，宽 3~7 毫米，子房直径约 3 毫米，黄色，平滑。

果卵形、近球形、椭圆形或长圆形，黄色或橙红色，长 1.5~7 厘米，直径 1.2~2 厘米，有翅状纵棱 5~9 条，顶部的宿存萼片长达 4 厘米，宽达 6 毫米；种子多数，扁，近圆形而稍有棱角，长约 3.5 毫米，宽约 3 毫米。花期 3~7 月，果期 5 月至翌年 2 月。

（二）生长习性

性喜温暖湿润气候，好阳光但又不能经受强烈阳光照射，适宜生长在疏松、肥沃、排水良好、轻黏性酸性土壤中，抗有害气体能力强，萌芽力强，耐修剪，是典型的酸性花卉。

（三）药材特性

呈长卵圆形或椭圆形，长 1.5~3.5 厘米，直径 1~1.5 厘米。表面红黄色或棕红色，具 6 条翅状纵棱，棱间常有 1 条明显的纵脉纹，并有分枝。顶端残存萼片，基部稍尖，有残留果梗。果皮薄而脆，略有光泽；内表面色较浅，有光泽，具 2~3 条隆起的假隔膜。种子多数，扁卵圆形，集结成团，深红色或红黄色，表面密具细小疣状突起。气微，味微酸而苦（图 12-2）。

图 12-2　黄栀子药材

三、区域分布

产于山东、江苏、安徽、浙江、江西、福建、台湾、湖北、湖南、广东、香港、广西、海南、四川、贵州和云南，河北、陕西和甘肃有栽培；生于海拔 10~1500 米处的旷野、丘陵、山谷、山坡、溪边的灌丛或林中。国外分布于日本、朝鲜、越南、老挝、柬埔寨、印度、尼泊尔、巴基斯坦、太平洋岛屿和美洲北部，野生或栽培。

本种在我国广泛种植，全国种植面积约 20 万亩，其中湖南、江西两省种植最多，且栀子的质量最好。

第二节　产业现状

一、产业规模

我省栀子生产历史悠久，生产基地粗具规模。早些年间我省野生栀子面积达 2.5 万亩左右，是我省道地药材之一，以其面积广、产量大、质量好闻名全国。20 世纪 50 年代末，由于开荒造林，使野生栀子资源遭到严重破坏，产量急剧下降，供求矛盾日益突出。20 世纪 60 年代末，涟源在全国首次进行栀子野生改家种试验，近年湘中地区进行大力推广，已带动了全省家种栀子面积的大发展。据统计，我省家种栀子面积达 4.5 万亩，形成全国最大的栀子产区，出现上千亩基地，如武冈医药公司有超 5000 亩基地，湖南梅之鲜生态循环农业发展有限公司有 2000 亩基地。

二、产业发展面临的主要问题

（一）科学生产技术缺乏，管理水平不足

许多地方虽然大面积地种植栀子，但是管理的人员不仅少而且对专业知识了解很少。在应对气候变化时束手无策，只能靠天吃饭。在病虫害防治过程中使用了一些不符合药材规范化种植的农药，既影响了药材的质量，又破

坏了生态环境。

（二）资源丰富，但加工技术落后

栀子在湖南的一些地方进行了大规模的种植，且野生资源分布广，资源蕴藏量大。但许多个体户对栀子的认识不足，加工技术落后，部分种植户采用原始的土法加工，操作不规范，如蒸的时间长短不一致，从而导致栀子生熟不一致；如干燥过程中温度过高，导致药材品相不好等，这样严重地影响了栀子药材的质量。还有部分地方种植的栀子仅供提取色素用，对于其中的环烯醚萜苷类化合物如栀子苷等成分未加之提取，白白地浪费了。

（三）栀子深度开发落后，综合利用度不高

随着栀子种植面积增加，市场逐渐饱和，栀子的价格不容乐观。而现阶段栀子开发利用度较小，仅采用栀子果实当药材或提取色素，对栀子花、嫩叶的利用非常少。栀子花可以开发系列食品和花茶、提取香精等；栀子嫩叶可以做茶叶。如何开发高附加值产品，提高栀子综合利用度，急需加强开发。

（四）栀子价格波动剧烈，种植风险高

栀子为多年生小灌木，种植技术简单，其适应性较强，生长周期长，产量高。市场价格波动随气候条件和栽培面积时起时伏，加大了种植风险。

三、产业可持续发展对策

（一）加强栀子种植技术培训和宣传，提高栀子生产者的整体素质

一方面，针对许多种植户对栀子的认识不够，管理不科学等问题，先培训种植企业老板、核心骨干技术人员和种植大户，再逐步培训生产一线农民，提高整体种植水平。另一方面，加大生产操作力度，制定严格产地初加工SOP，提高栀子加工技术水平，为栀子药材的质量提供保障。

（二）加大科研投入，提高栀子研发力度

一方面，注重栀子种质资源的研究与利用，其目的在于研究和充分利用其优异性状或优异基因，培育一批具有突破性新品种，以期更好服务于栀子

种植业。另一方面，开发栀子副产品，提高栀子附加值，提高栀子花、果、叶等利用度，实现产业增值。

（三）加强政府保障，制定激励措施

栀子生长周期长，投入大，风险也大。要发展栀子产业一方面需要政府制定一些奖励、补助办法，从资金上解决部分前期投资；另一方面，制定一些保障制度，如保价回收、农业保险等。

第三节　高效栽培技术

一、产地环境

栀子喜温暖湿润，阳光充足，较耐旱，忌积水。栀子的生长范围内，年平均气温 16.6~17.9℃；年平均降雨量 1200~1700 毫米；日照时数 1600~1900 小时，日照百分率 30%~40%；无霜期 266~313 天。栀子幼苗应遮阴，成年栀子应阳光充足。栀子生长最适宜温度 15~35℃(图 12-3)。

选择基地要求土壤疏松肥沃，土层深厚，pH6.0~7.0，土壤没有污染。基地水源较丰富，排灌方便，水质未污染。

二、种苗繁育

栀子育苗一般采用种子育苗和扦插育苗两种方式。

（一）苗床整理

宜选背风向阳的沙壤土，施腐熟有机肥 1~2 吨/亩作基肥，拌匀深翻，耙细整平，做成高约 25 厘米，宽 1~1.2 米的苗床。整地前 10~15 天，用生石灰对土壤消毒。

（二）种子育苗

种子采集与处理：11 月前后，选择优良健壮植株，采集充分成熟、饱满、色深的鲜果，连壳晒至半干留种。播种前将果实去壳取出种子并浸入

30~40℃温水中 0.5~1 天，揉搓去杂质和瘪粒，取沉底的饱满种子，稍晾干拌草木灰待播。

播种育苗：2 月下旬至 3 月，在准备好的苗床上撒播或按行距 15~20 厘米开沟条播，播种后盖上稻草。用种量 1~2 千克/亩。出苗后，适时揭去盖草，保湿土壤湿润。分次间苗，最后按株距 5~8 厘米定苗。

（三）扦插育苗

一般在春、秋两季进行。选 2 年以上的健壮枝条，剪成 10~15 厘米的小段当作插穗，插条上留 1~2 片叶。一般用生根粉处理插穗，如采用 0.01% 生长素－吲哚乙酸溶液浸泡 20 分钟。按株行距 5 厘米 ×10 厘米扦插于苗床中，插条入土 2/3，插后浇透水。之后保持苗床湿润，注意遮阴。

（四）苗期田间管理

勤除杂草，保持苗床湿润，及时清沟排水。施肥少量多次，以氮肥为主，磷钾肥为辅。

图 12-3　栀子育苗基地

三、栽培技术

（一）整地

基地宜沙质土壤。栽植前浅耕一次，去除杂草，整平。

（二）栽植

可选春季或秋季。春季在雨水至惊蛰间进行；秋季在寒露至立冬间进行。按株行距（0.8~1.0）米×2.0米，穴规格35厘米×35厘米×35厘米。每穴内施腐熟有机肥2.5~3.5千克+复合肥0.2千克，与底土拌匀即可栽植。每穴栽苗1株，根系尽量带土，主根过长可剪除部分，做到苗正根舒土实，并浇定根水。栽植1个月内，若土壤干燥，应浇水保苗，否则成活率不高或长势不好。

（三）田间管理

1. 中耕除草

栀子移栽后15~25天即进入正常生长的缓苗期。定植后每年春、夏、秋季各中耕除草1次，冬季全垦除草并培土1次。

2. 追肥

追肥分4个时期进行，分别称发枝肥、促花肥、壮果肥和花芽分化肥。

（1）发枝肥：4月以氮肥为主，追施一次农家肥或化肥，如腐熟人畜粪水1~2吨/亩，或硫酸铵每株15克，以促进发枝和孕蕾。

（2）促花肥：5月喷施叶面肥，以促进开花和坐果。开花期用0.15%硼砂加0.2%磷酸二氢钾喷施叶面；当栀子花凋谢3/4时，用0.005%赤霉素加0.5%尿素，或0.001%生长素加0.5%尿素喷洒叶面。施用叶面肥宜选阴天或傍晚时进行。

（3）壮果肥：6月下旬施壮果肥，一般每株施复合肥0.25千克。

（4）花芽分化肥：8月上旬施氮磷钾复合肥，每株0.25千克，以促进果实发育及花芽分化。

栀子结果后会消耗大量营养，因此，每年冬季沿树四周15厘米外，要进行深耕施肥及培土，每亩施有机肥(堆肥、厩肥)2000千克，钙镁磷肥(加0.5%硼砂)100千克，以保护栀子越冬及恢复树势。

3. 灌溉和排水

保持土壤湿润，干旱时要浇水。栀子又怕涝，大雨及时清沟排水。

4. 修剪整枝

定植次年开始修剪培养树形，培养1条主干和3条主枝，各主枝培养

3~4 条副主枝。对主干、主枝应抹芽除蘖，剪除下部荫蘖；每年冬季剪去病枝、徒长枝、交叉枝和过密枝，形成枝条分布均匀、向四周舒展的圆头型树冠，以利通风透光，减少病虫害，提高坐果率。

定植后 2 年内为促进生长、培养树冠，要摘除花芽，第三年可适当留果。栀子在秋季仍可开花，但后期的花不能形成成熟果实，因此在 9~10 月应摘除花蕾（图 12-4）。

图 12-4　栀子种植基地

四、病虫害防控

栀子生长期若管理得当，则病虫害发生极少。若发现病虫害，以农业防治为主，物理防治、化学防治为辅，搞好综合防治。

（一）主要病虫害

栀子主要的病虫害有褐斑病、炭疽病、煤污病、根腐病、黄化病、咖啡透翅蛾、龟蜡介壳虫、栀子卷叶螟、蚜虫等。

（二）防治措施

（1）农业防治：加强冬季清园工作，翻土清沟除枯枝落叶、培土，与冬季施肥相结合。冬季合理修剪，除病虫枝，降低园区空气湿度和地下水位，增强了栀子园通风透光条件。

（2）物理防治：根据害虫的不同性质，5月下旬至10月，在栀子田间安装杀虫灯（15~30亩地装杀虫灯1个）或者悬挂双面黄板诱虫板（每亩地悬挂双面黄板诱虫板30~40个）等。

（3）化学防治：栀子病虫害防治的农药使用应符合中药材GAP管理的规定。

第四节　采收与产地加工技术

一、采收技术

10月中旬至11月果实相继成熟，在果皮红黄色时分批采收，一般要求至少分2批采收。采收选择晴天露水干后或午后进行，将红黄色的果用手工摘下置竹篓或竹筐中，带回加工厂加工。

二、加工技术

将刚摘的鲜果置通风处摊开，防霉变。分批用蒸汽熏蒸鲜栀子果实约3分钟，然后置于篾垫或干净晒场上，曝晒至七成干，堆积3天左右，使其发汗，再晒至全干。

第五节　产品综合利用

一、药用及制药

栀子味苦，性寒。入心、肝、肺、胃、三焦经。具有清热利湿、泻火除烦、凉血解毒、消肿止痛之功效。主治热病虚烦不眠、黄疸、淋病、消渴、目赤、咽痛、吐血、衄血、血痢、尿血、热毒疮疡、扭伤肿痛。是我国传统常用中药材，是生产"安宫牛黄丸""安宫牛黄散""牛黄上清丸"等中成药的重要原料，又是出口的传统商品，远销欧美、日本和东南亚各国。此外，其制剂还有清开灵注射液、龙胆泻肝丸、加味逍遥颗粒、牛黄上清胶囊、牛黄上清软胶囊、清热解毒口服液、芎菊上清丸、清灵片、越鞠保和丸、黄连解毒丸、鸡骨草胶囊、复方栀子冲剂、小儿退热颗粒、羚羊清肺胶囊、复方茵陈注射液、龙华清肝冲剂、肝合剂、功劳去火片、如达六味散、胆乐片、龙荟丸、蒙药黑云香四味汤、戒毒康胶囊、金栀洁龈含漱液、筋骨宁湿敷剂、口炎Ⅱ号冲剂、清火栀麦胶囊、小儿润通口服液、清肺抑火片、清肝利胆胶囊剂、清淋冲剂、清胃黄连丸、石淋止痛剂、退黄口服液、五味沙棘散、茵胆舒康胶囊、玉莲降火片、栀子金花胶囊、栀子治伤膏等数十种。

二、栀子色素

除药用外，从成熟果实亦可提取栀子黄色素，在民间作染料应用，在化妆品等工业中用作天然着色剂原料，又是一种品质优良的天然食品色素，没有人工合成色素的副作用，且具有一定的医疗效果；它着色力强，颜色鲜艳，具有耐光、耐热、耐酸碱性、无异味等特点，可广泛应用于糕点、糖果、饮料等食品的着色上。目前，国外在我国的黄色素订单为3200吨，国内需求230吨，市场缺口很大。由于栀子蓝色素与其他红黄品系的天然色素调和后能产生一系列蓝绿变化的色调，可以开发出多种色泽的食用色素。因此，开发栀子色素资源具有广阔的前景。

三、栀子花

栀子花可以食用，做凉菜、煲汤、制作花饼等系列栀子花食品。另外栀子花具有令人愉快的清香，可提取精油，可用于香型化妆品、香皂香精以及高级香水香精。花叶可制芳香浸膏，用于多种花香型化妆品和香皂香精的调和剂。

参考文献

［1］国家药典委员会.中国药典（一部）［M］.北京：中国医药科技出版社，2015:248.

［2］中国科学院中国植物志编委会.中国植物志（第七十一卷第一分册）［M］.北京：科学出版社，1999:332.

［3］董丽华，邹红，朱玉野，等.不同产地栀子种子萌发特性研究［J］.种子，2014，33(10):1-4.

［4］张永新，彭斯文，王成华，等.湖南省道地药材栀子栽培技术规程［J］.现代农业科技，2016（12）:106-107，109.

［5］游国均，洪俐.湖南道地药材栀子规范化栽培的研究［J］.时珍国医国药，2007，18（12）:3145-3146.

［6］李佳新，王殷苗.栀子人工高产栽培技术［J］.农业科技通讯，2015（4）:247-248.

［7］周早弘.栀子GAP规范化种植技术［J］.广西农业科学，2006(3):253-255.

［8］廖学林，聂建春，黄云根.栀子优质丰产栽培技术研究［J］.现代园艺，2013（3）:6-7.

第十三章
铁皮石斛

黄艳宁

第一节　植物简介

铁皮石斛（又名耳环石斛或黑节草，*Dendrobium officinale*）为多年生附生草本，属兰科石斛属植物，为国家二级保护的贵重濒危药材，是我国最珍贵的中药材之一，号称"中华九大仙草"之首，素有"药中黄金"等美誉，被国际药用植物界称为"药界大熊猫"（图 13-1）。近代医学研究表明：铁皮石斛能显著提高机体免疫功能，抗衰老，抗疲劳，耐缺氧，具有辅助抑制肿瘤和抗癌等功效。加工后的铁皮石斛又称铁皮枫斗，是一种经济价值和医用价值都很高的名贵中药，特别是近年用于消除癌症放疗、化疗后的副作用和恢复体能，效果十分明显，是业内外人士都熟知的常备药品的必需原料，应用于脉络宁注射液、石斛夜光丸、通塞脉片、清睛粉、慢咽片、养胃散、抗癌消、养阴口服液、石斛明目丸、安肾丸等数十种中成药，还

图 13-1　铁皮石斛

183

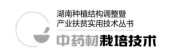

是其他数十种中成药和保健品的必要原料。

一、特征特性

　　茎直立，圆柱形，长9~35厘米，粗2~4毫米，不分枝，具多节，节间长1~3（~1.7）厘米，常在中部以上互生3~5枚叶；叶二列，纸质，长圆状披针形，长3~4（~7）厘米，宽9~11（~15）毫米，先端钝并且多少钩转，基部下延为抱茎的鞘，边缘和中肋常带淡紫色；叶鞘常具紫斑，老时其上缘与茎松离而张开，并且与节留下1个环状铁青的间隙（图13-2）。总状花序常从落了叶的老茎上部发出，具2~3朵花；花序柄长5~10毫米，基部具2~3枚短鞘；花序轴回折状弯曲，长2~4厘米；花苞片干膜质，浅

图13-2　铁皮石斛茎秆

白色，卵形，长5~7毫米，先端稍钝；花梗和子房长2~2.5厘米；萼片和花瓣黄绿色，近相似，长圆状披针形，长约1.8厘米，宽4~5毫米，先端锐尖，具5条脉。侧萼片基部较宽阔，宽约1厘米；萼囊圆锥形，长约5毫米，末端圆形；唇瓣白色，基部具1个绿色或黄色的胼胝体，卵状披针形，比萼片稍短，中部反折，先端急尖，不裂或不明显3裂，中部以下两侧具紫红色条纹，边缘多少波状；唇盘密布细乳突状的毛，并且在中部以上具1个紫红色斑块；蕊柱黄绿色，长约3毫米，先端两侧各具1个紫点；蕊柱足黄绿色带紫红色条纹，疏生毛；药帽白色，长卵状三角形，长约2.3毫米，顶端近锐尖并且2裂。花期3~6月。

二、基源植物及主要栽培品种

铁皮石斛为兰科（Orchidaceae）石斛属多年生草本。分布于我国长江以南区域，多生长在海拔 800~1600 米的热带、亚热带高山峻岭、悬崖峭壁、岩石缝隙和深山古树上。全球石斛属计有 1 500 多种，我国石斛属有 72 种 2 变种，2005 年版《中华人民共和国药典》第一部收载了 5 种石斛属植物，分别为环草石斛（*D. loddigesii*）、马鞭石斛（*D. fimbriatum*）、紫皮石斛（*D. devonianum*）、铁皮石斛和金钗石斛（*D. nobile*），其中以铁皮石斛最为珍贵。铁皮石斛呈铁绿色，气微，嚼之有黏性，味甘，少渣，长期食用无副作用。

铁皮石斛（*Dendrobium officinale* Kimura et Migo）：茎直立，圆柱形，长 9~35 厘米，粗 2~4 毫米，不分枝，具多节；叶二列，纸质，长圆状披针形，边缘和中肋常带淡紫色。总状花序常从落了叶的老茎上部发出，具 2~3 朵花；花苞片干膜质，浅白色，卵形，长 5~7 毫米，萼片和花瓣黄绿色，近相似，长圆状披针形，唇瓣白色，基部具 1 个绿色或黄色的胼胝体，卵状披针形，比萼片稍短，中部反折。蕊柱黄绿色，长约 3 毫米，先端两侧各具 1 个紫点；药帽白色，长卵状三角形，长约 2.3 毫米，顶端近锐尖并且 2 裂。花期 3~6 月（图 13-3）。

图 13-3　铁皮石斛花

生于海拔达 1600 米的山地半阴湿的岩石上。主要分布于中国安徽、浙江、福建等地。其茎入药，属补益药中的补阴药，益胃生津，滋阴清热。

环草石斛（*Herba Dendrobii* Loddigesii）：也叫美花石斛、万丈须、小环草、小黄草，为兰科植物环草石斛的茎。环草石斛附生于树上或林下岩石上，性味甘、微寒，可生津益胃、滋阴清热、润肺益肾、明目强腰，但石斛碱有抑制呼吸的作用。本主题包括：对环草石斛的概述、药理作用、考证、药（毒）理学、药书记载、采集和储藏、选方、用药禁忌、原植物形态、药用植物栽培、生药材鉴定、药材基源及用法用量等。喜温暖湿润气候和半阴半阳的环境，不耐寒（图 13-4）。

马鞭石斛（*Dendrobium fimhriatum* Hook.var.*oculatum* Hook）：总状花序生于无叶茎的先端，下垂，有花 5~8 朵，有纤维状附属物，节上有灰黄色叶鞘残留和灰褐色的气生根。全年均可采收，以春末夏初和秋季采者为好，主要治疗阴伤津亏，口干烦渴等。药材产于广西、贵州、云南（图 13-5）。

紫皮石斛（*Dendrobium devonianum* Paxt）：是以齿瓣石斛为代表的一类兰科石斛属植物，是名贵药用植物石斛的一个品种。齿瓣石斛又名紫皮兰，为兰科植物齿瓣石斛。喜温暖，湿润，半阴半阳的环境（图 13-6）。

紫皮石斛作为药食两用的植物，可以鲜食，也可以经人工搓制加工成紫皮枫斗。此外，紫皮石斛可经过深加工制成饮料、片剂、胶囊剂、冲剂等。喜温暖、湿润、半阴半阳的环境。为附生性草本植物，多附生于散射光充足的深山老林树干上，常与苔藓植物伴生，不能生长于普通土壤中。印度、越南、不丹、老挝、柬埔寨、泰国、缅甸均有分布。19 世纪 30 年代，经调查我国的广西西北部（隆林），贵州西南部（兴义、罗甸），云南东南部至西部（勐腊、勐海、河口、金平、澜沧、镇康、漾濞、盈江、龙陵），西藏东南部（墨脱）也有分布。

金钗石斛（*Dendrobium nobile* Lindl）：又名万丈须、金钗石、扁金钗、扁黄草、扁草，为多年生草本，因形似古代的发钗而得名。茎丛生，上部稍扁而稍弯曲上升，高 10~60 厘米，粗达 1.4 厘米。喜在温暖，潮湿，半阴半

图 13-4　环草石斛　　　　　　　　　图 13-5　马鞭石斛

图 13-6　紫皮石斛　　　　　　　　　图 13-7　金钗石斛

阳的环境生长（图 13-7）。石斛原产地主要分布于亚洲热带和亚热带，澳大利亚和太平洋岛屿，全世界有 1000 多种石斛。中国约有 76 种，其中大部分分布于西南、华南、台湾等地。石斛兰属是兰科植物中最大的一个属，有滋阴清热，生津止渴的功效，用于热病伤津、口渴舌燥、病后虚热等治疗。

三、区域分布

　　铁皮石斛为多年生植物，野外生长于悬崖峭壁或大树上。主要分布于安徽西南部（大别山）、浙江东部（鄞县、天台、仙居、临安、富阳、江山、金华）、福建西部（宁化）、广西（天峨、永福、西林、宜山、隆林、东兰、平乐、南丹、巴马、钟山）、湖南（邵阳、株洲、娄底）、四川（汉源、甘洛、

金阳）、云南东南部（石屏、文山、麻栗坡、西畴、广南）、贵州（独山、兴
义、梵净山、荔波、三都）、江西（井冈山、庐山）、广东（乳源、平远）、
河南（信阳、商城）等地。

第二节　产业现状

一、产业规模

　　全国铁皮石斛种植面积突破 1 万亩，目前。年产鲜条 100 多万千克，从
业人员 40 万人，产值 20 亿元，其中浙江占 80% 以上。生产厂家达 1600 余
家，目前中国市场上已有 1000 多种保健品。产值从 20 世纪 80 年代中期 16
亿元扩大到 500 多亿元。经过一、二代的发展，中药保健食品行业现在已经
发展到第三代。中药保健食品品质已经成为产业与市场发展的热点，其科技
含量、保健功能、低碳环保等要求成了专家热议的焦点。具有免疫调节、延
缓衰老的保健功能，由于铁皮石斛药用价值较高，成为当下保健品市场的
新宠。不过，因市场原材料缺口很大，铁皮石斛的鲜品收购价每千克已达
2000 元以上，铁皮石斛加工成干品铁皮枫斗后销往日本、韩国和东南亚等
地，其价格更是达到每千克 1000~3000 美元，国内的销售价格也逾越每千
克 8000 元。预计在 10 年内铁皮石斛的产量仍难以满足市场的需求。目前，
市场上开始出现了不少以次充好、假冒伪劣的石斛产品。石斛产业尚处于起
步阶段，相比大蒜、生姜、白糖等产品，石斛产业的整体市场份额在 20 亿
元左右，体量并不大。此外，石斛不好种植，产地也受限，从种苗到枫斗的
周期在 2~3 年。为了控制石斛的品种选育和质量控制，基地内的环境完全
针对野生铁皮石斛苛刻的生长环境进行还原，定时的灌溉喷淋系统模拟云雾
缭绕的野生湿度环境；石头和松树皮混合的土质结构模拟野生土壤；半阴遮
阳模拟最适古木参天的遮阴效果。做这一切的目的是尽可能地坚持铁皮石斛
原生药性。

湖南省资源十分丰富，盛产名贵中药材，尤其是新宁崀山的铁皮石斛，全县种植面积达 2000 多亩，铁皮石斛已成为促进新宁经济发展新产业。湖南龙石山铁皮石斛基地有限公司产业化科研工作从 1992 年开始，主要开展铁皮石斛品种选育、组培快繁、人工栽培等方面的产业化研究，2004 年在浙江、河南等地种苗组培快繁和人工栽培产业化中试生产成功，2008 年开始大规模生产铁皮石斛种苗和药用原料，目前铁皮石斛组培快繁工厂年产种苗 2000 万株，铁皮石斛规范化种植示范基地面积 200 亩，年产药用原料 6 万千克。湖南其他各地也都半野生栽培，大棚栽培的面积为 60 多亩。

二、产业发展面临的主要问题

铁皮石斛品种选育、组织培养、设施栽培等人工栽培关键技术已取得了突破性进展，并迅速推动相关产业的发展。但是，铁皮石斛质量安全控制技术明显滞后，如传统鉴别技术，由于石斛在形态及组织构造上的差异较小，标准难以量化，同时该属植物主要依靠昆虫传播花粉，并能种间自然杂交，导致属内、种内分化复杂而多样，种质与药材样品鉴定十分困难，至今没有建立公认、可信的真伪与优劣鉴别技术。铁皮石斛质量评价多停留在总多糖指标上，而一些研究结果表明，许多非铁皮石斛药材多糖含量比铁皮石斛要高得多，用总多糖来衡量铁皮石斛真伪与优劣显然不够全面。对药材质量控制的关键环节，如采收期，药典规定"全年可采"，描述很不科学，产地加工与炮制研究更少。

三、产业可持续发展对策

开展铁皮石斛生产质量安全过程控制技术与质量安全评价技术研究，药材、品种与产品真伪鉴别，多活性成分定量分析（特别是单一多糖的测定）、主要活性成分群指纹图谱、重金属、农残限量指标相结合的铁皮石斛质量安全评价方法研究；建立铁皮石斛产前环境检测、安全环保型栽培基质选择、优良品种选用，产中栽培技术优化、施肥用药控制、最佳采收年龄与采收季节选择，采后加工与药材包装、运输、贮藏等全程质量安全控制技术与标准

体系，降低生产成本，提高单位面积产量，稳定产品质量，用现代化的手段，明确铁皮石斛成分和药效，给消费者以有力的说服依据，净化市场，增加消费群体，对于铁皮石斛产业发展具有重要的支撑作用。

第三节　高效栽培技术

一、产地环境

铁皮石斛喜欢阴凉、湿润、有充足散射光的环境，较耐寒、耐旱。以年平均气温为 16~19℃，年相对湿度在 80% 以上，海拔在 300~800 米为最佳生长区。

二、种苗繁育

（一）选地、整地

根据其生长习性，石斛类栽培地宜选半阴半阳的环境，空气湿度在 80% 以上，冬季气温在 0℃ 以上地区。人工可控环境也可，树种应以黄桷树、梨树、樟树等且应树皮厚有纵沟、含水多、枝叶茂、树干粗大的活树，石块地也应在阴凉、湿润地区，石块上应有苔藓生长及表面有少量腐殖质。

（二）分株

选择生长较密的植株，开过花后将其从盆中取出，除去老根，从丛生茎的基部切开，分切时尽量少伤根系，根部用手拉开，不必用刀切。以主株为一组，再将老根进一步剪除。将新芽靠近盆中央，填入新的基质并压实，即成新的植株。

（三）分芽

盆栽 3 年以上的植株或部分秋石斛茎的顶部或基部长有小植株时，可以进行切芽繁殖。选择具有 3~4 片叶，2~3 条根，根长 4~5 厘米的小植株，从母株上切下，用草木灰或 70% 的代森锰锌处理伤口，将苗植入盆中即可。

注意要浅植。栽培 2 年后一般可开花成为商品花。

（四）扦插

扦插繁殖可以结合花后换盆和分株时一起进行。石斛多具有细长、带肉质的茎，茎上有许多节，节上能长芽，所以能用扦播繁殖。选择健康茎条做播条，将枝条切成数段，每段具 2~3 个节，在伤口上涂上草木灰或 70% 的代森锰锌处理伤口。将茎一段一段地插入苔藓和泥炭混合的基质中，一半露在外面，放于半阴、潮湿处。插后 1 周不必浇水，然后经常喷雾保湿，适当遮阴。经过 1~2 个月，在节部有新芽长出，新芽下部长出 2~3 条小根形成新的植株。将新植株连同老茎一起上盆，栽培 2~3 年可开花。扦插时间以 4~8 月为好。

（五）组织培养

MS、1/2MS 和改良 MS 培养基目前在铁皮石斛组培中使用最多，其中 1/2MS 培养基用于种子萌发和试管苗生根，MS 与改良 MS 培养基用于原球茎增殖和丛芽促成，B5 培养基用于壮苗的培养。促进原球茎的形成和芽的分化，IBA 对原球茎的分化、试管苗的生根效果良好，0.1 毫克/升浓度的 IBA 促进生根效果最佳，6-BA 0.5~1.0 毫克/升＋ NAA 1.0 毫克/升＋ KT 1.0 毫克/升激素配比原球茎增殖最佳，6-BA 2.0~3.0 毫克/升＋ NAA 0.5~1.0 毫克/升＋ KT 1.0 毫克/升激素配比芽的分化较为理想。原球茎和丛生芽在添加较高浓度的生长素和细胞分裂素组合的培养中连续继代 3~4 次，玻璃化现象加剧。

在铁皮石斛组织培养的过程中，添加各种不同天然附加物（如马铃薯、香蕉汁、苹果汁等）对其生长和发育有一定的促进作用。添加 0.5% 活性炭和香蕉汁、苹果汁能促进试管苗根的生成和生长；添加椰汁能够促进铁皮石斛苗原球茎分化较多丛生芽且长势较好；1/2MS ＋马铃薯提取液的培养基适宜种子萌发；在 N6 上添加 150 毫克/升香蕉汁可促进幼苗生长。研究发现，单独添加香蕉汁、苹果汁均能促进铁皮石斛试管苗生根和生长，但培养前期苹果汁好于香蕉汁，后期香蕉汁好于苹果汁，添加 25 克/升苹果汁＋ 75 克/升香蕉汁有利于壮苗培养。

无论是在自然条件还是在离体培养条件下，植物的光和温度信号总是互相联系的，植物既以定性的又以定量的方式对温度和光照做出反应，当组织培养诱发植物在培养基中形态重建时，需要较高的光照水平，增强光照也有利于发根。多数研究者在铁皮石斛组织培养时的环境条件是，培养温度为24~26℃，每天光照 18 小时，光照强度为 1000~5000 勒克斯。繁殖代数越多，试管苗越易衰老退化。铁皮石斛的原球茎繁殖代数应控制在 6 代以内，否则原球茎分化芽的能力降低，试管苗生长缓慢，有效苗的得率下降，移栽成活率降低，成活后生长缓慢，出现明显的退化现象。简化接种程序，减少转接次数，能有效提高组培效益与组培苗质量。

图 13-8　增殖培养

图 13-9　生根壮苗培养

图 13-10　炼苗培养

图 13-11　晾苗

图 13-12　移栽

图 13-13　大棚生长

三、栽培技术

铁皮石斛的栽培时间一般是每年的春秋两季，且春季优于秋季。在湖南地区，铁皮石斛栽培的最佳时间为每年 4 月中旬至 6 月下旬，这段时间气温在 12~25℃，且空气湿度较大，种苗移栽成活率较高且生长时间较长；其次是 9 月中旬至 10 月下旬，此时期移栽特别要做好抗寒防冻工作。栽培基质是优质高效栽培的关键，铁皮石斛的生物特性要求栽培基质既有良好的保水性又有通风透气性，规模化生产要求栽培基质原料易得、操作方便。报道中基质有水苔、碎石、花生壳、苔藓、椰子皮、松树皮、木屑、木炭、木块等，但目前生产中应用的主要是树皮、木屑，或树皮、木屑、碎石、有机肥混合物，其中树皮粉碎成 2~3 厘米的颗粒。在湖南地区（地面栽培）基质厚度一般控制在 20 厘米以上，需要发酵、消毒，以防止烧苗，并杀死害虫、虫卵及病菌。

铁皮石斛栽培要求在大棚中进行，大棚的建造要求做到通风、遮阴挡雨、有防虫网，并根据铁皮石斛的生长习性，考虑场地的光照、温度、湿度、通风等。铁皮石斛生长的适宜温度为 15~30℃，刚移栽的组培苗对水分很敏感，缺水则生长缓慢、干枯、成活率低。而喷雾过多则渍水烂根，温度高、湿度大时还易引发软腐病大规模发生。移栽后一周内（幼苗尚未发新根）空气湿度宜保持在 90% 左右，一周后，植株开始发新根，空气湿度可保持在 70%~80%。种植畦干湿交替有利于发根长芽。忌强光直射，春秋两季早上可见阳光，冬季可置光照充足处，其他时间置于具有明亮散射光而又通风的地方。越冬温度保持在 8~10℃ 即可。在湖南地区夏季比较炎热，一般采用 80% 的遮阳网覆盖，掀开塑料薄膜，以利降温；冬季比较寒冷，在30%~50% 遮阳度下用双层塑料薄膜封闭保温。铁皮石斛要求保持基质湿润，空气湿度保持 80% 以上为好，但又不能积水，浇水时采用喷灌或滴灌最好，不得冲灌。在浙江可以在地面栽培。不同的季节不同的地区浇水量亦不同，湖南地区夏天气温高，蒸发量大，基本上需要天天浇水，冬天遮阳温度低，水分不易散失，则浇水量减少。浇水时仅向叶面上喷些水，勿向盆内浇水。10~15 天后，待萌发出新根后移至阴棚下养护。生长季节浇水要干湿相间，保持适度干薄饼肥水。生长旺盛期每天浇水一次，以保持较高的空气湿度，并要注意通风良好。冬季休眠期应少浇水。后期空气湿度过小要经常浇水保湿，可用喷雾器以喷雾的形式浇水。

由于石斛类为气生根，因此要喷施适宜的叶面肥作为营养液，以供给植株充足的养分，利于早发根长芽。叶面肥可以选择硝酸钾、磷酸二氢钾、腐殖酸类等，以及进口三元复合肥和稀释的 MS 培养基等。一般移栽后一周，植株新根发生后开始喷施 0.1% 的硝酸钾或磷酸二氢钾，7~10 天喷一次，连续喷 3 次。长出新芽后每隔 10~15 天喷 0.3% 的三元复合肥等。生长地贫瘠应注意追肥，第一次在清明前后，以氮肥混合猪牛粪及河泥为主。第二次在立冬前后用花生麸、菜籽饼、过磷酸钙等加入河泥调匀糊在根部，此外尚可根外追肥。铁皮石斛自然生长速度较慢，要提高铁皮石斛生长速度，必须适时适量地提供养分。沤熟的饼肥、羊粪、沼液能有效促进营养生长。施肥一般为浓度 1.0~1.5 克/升的液体肥，每半个月施 1 次。施肥时间一般在每年4~10 月的生长期，当石斛停止生长时，亦停止施肥。

石斛生长地的郁闭度在 60% 左右，因此要经常对附生树进行整枝修剪，以免过于荫蔽或郁闭度不够。每年春天前发新梢时，结合采收老茎将丛内的枯茎剪除，并除去病茎、弱茎以及病根，栽种 6~8 年后视丛蔸生长情况翻蔸重新分枝繁殖。

四、病虫草害防控

铁皮石斛病害主要包括腐烂病、灰霉病、轮斑病等，虫害有蜗牛、蛞蝓、蚜虫、毛虫、菜青虫等。对于病虫害的防治应掌握"预防为先，治疗及时"的原则，也就是说在栽培之前要消毒杀虫，使栽培地没有病虫害的根源。大棚要采用防虫网隔离。栽培之后要精心观察，一旦发现病害、虫害要及时治理，当病害虫害较轻时，采取人工清除，将带病的植株清除，或将虫子捕捉；当病害、虫害较重时，一般病害用甲基托布津、可杀得、杜邦克露都有较好的效果，虫害则用乐果乳油、敌杀死等常用农药即可。

（一）病害

1. 黑斑病

发生黑斑病时时嫩叶上呈现黑褐色斑点，斑点周围显黄色，逐渐扩散至叶片，严重时黑斑在叶片上互相连接成片，最后枯萎脱落。此病害常在初夏（3~5 月）发生。防治方法：用 1∶1∶150 波尔多液或多菌灵 1000 倍液预防和控制其发展。

2. 炭疽病

炭疽病为害叶片及茎枝，受害叶片出现褐色或黑色病斑，1~5 月均有发生。防治方法：用 50% 多菌灵 1000 倍液或 50% 甲基托布津 1000 倍液喷雾 2~3 次。

3. 煤污病

发生煤污病时整个植株叶片表面覆盖一层煤烟灰黑色粉末状物，严重影响叶片的光合作用，造成植株发育不良。3~5 月为本病害的主要发病期。防治方法：用 50% 多菌灵 1000 倍液或 40% 乐果乳剂 1500 倍液喷雾 1~2 次防治。

（二）虫害

1. 菲盾蚧

菲盾蚧寄生于石斛植株叶片边缘或叶的背面，吸取汁液，引起植株叶片枯萎，严重时造成整个植株枯黄死亡。同时还可引发煤污病。防治方法：此

害虫 5 月下旬是孵化盛期,以 40% 乐果乳油 1000 倍液或 1~3 波美度石硫合剂喷杀效果较好。已成盾壳但量少者,可采取剪除老枝叶片集中烧毁或捻死的办法进行防治。

2.蜗牛

蜗牛主要躲藏在叶背面啃吃叶肉或咬茎为害花瓣。该虫害一年内可多次发生,一旦发生,为害极大,常常可于一个晚上就能将整个植株吃得面目全非。防治方法:用麸皮拌敌百虫,撒在害虫经常活动的地方进行毒饵诱杀;在栽培床及周边环境喷洒敌百虫、溴氰菊酯等农药,亦可撒生石灰、饱和食盐水;注意栽培场所的清洁卫生,枯枝败叶要及时清出场外。

第四节 采收与产地加工技术

一、采收技术

铁皮石斛适宜采收时间为 11 月至次年 6 月,实行采旧留新的收种方式,采收 20 个月以上生长期的地上部分植株。采收后及时剔除病株,称量,检测多糖、水分等;检测农药、重金属残留等项目,对不符合质量标准的产品应及时处理;铁皮石斛鲜品可置阴凉潮湿处,防冻。鲜品通过除杂、清洗后切段,60℃以下低温烘干,含水量 11%。干品置于通风干燥处,防潮。

二、加工技术

因品种和商品药材不同,有两种方法:①将采回的植株洗尽泥沙,去掉叶片及须根,分出单茎株,放入 85℃的热水中烫 1~2 分钟,捞起,摊在竹席或水泥场上曝晒,晒至五成干时,用手搓去鞘膜质,再摊晒,并注意常翻动,至足干即可。②将洗尽的铁皮石斛放入沸水中浸烫 5 分钟,捞出晾干,置竹席上曝晒,每天翻动 2~3 次,晒至身软时,边晒边搓,反复多次至去净残存叶鞘,然后晒至足干即可。

第五节 产品综合利用

石斛作为保健中药，代茶泡饮由来已久，尤其铁皮石斛更是保健食品原料中的佼佼者。根据铁皮石斛所含的成分及功效，铁皮石斛保健食品开发范围主要包括三类：一是老年保健类。可开发适于免疫力减退、抗氧化水平低的老年人食用的相关食品来增强体质，防治骨质疏松症等老年病。二是中青年保健类。针对中青年人工作压力大，生活节奏快，经常熬夜的特点，可开发增强体质、提高机体应激能力、保持旺盛精力等方面的保健食品。三是某些特定人群保健类。从铁皮石斛功能出发，开发养胃护胃、保肺利咽、抗辐射、抗癌等方面的保健食品。

保健食品的剂型也会影响保健效果的发挥，铁皮石斛保健食品的加工形式主要有四类：一是饮料型。主要包括瓶装或罐装的液体饮料及固体饮料，如酒剂、茶剂、各类颗粒剂及其他各式饮料等。二是口服液型。对铁皮石斛采用适宜的方法进行浓缩提取制成口服液，具有吸收快，显效快，服用量小等特点。三是膏剂。由于铁皮石斛具有嚼之味淡、发黏的特点，最适宜做膏方。四是本色型。用鲜品或加工成铁皮枫斗，可直接服用、作为食疗的原料等。

随着铁皮石斛功效的挖掘及现代制剂工艺的发展，以铁皮石斛为原料的保健品也开始进入市场，形式逐渐丰富，除了枫斗之外，还有铁皮石斛含片、铁皮石斛晶、铁皮石斛颗粒等多种保健品。但目前很多产品开发处于低水平重复，新产品及深加工产品缺乏，且市场上鱼龙混杂，过于夸大事实宣传，使得铁皮石斛保健食品市场由盛转衰。实际上，铁皮石斛作为一种中药材，具有益胃生津、滋阴润燥等功效，以铁皮石斛为原料的相关保健食品在提高免疫力、抗氧化、延缓衰老及清咽润喉等方面都具有一定的效果；对癌症也有一定的辅助治疗作用，特别是对癌症患者在放、化疗后出现的口渴、咽干及干呕等症状，具有很好的疗效。随着现代生活节奏的加快，生活压力的增大，越来越多的人群处于"没有病却又不健康"的亚健康状态。能调节机体功能的保健食品必然会发挥一定作用，成为食品行业发展的新支点。铁

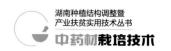

皮石斛中含有多糖、氨基酸、矿物质等多种有效成分，具有增强免疫力、抗氧化等功能，只要对铁皮石斛保健品市场监管得当，使其向着正规化的方向发展，其仍然有生存和发展空间，为人类健康服务，创造出更多的经济、社会价值。

图 13-14　铁皮石斛花茶

图 13-15　铁皮石斛粉

后记
Postscript

　　湖南中药材资源比较丰富，品类多样，蕴藏量大；多个品种如茯苓、玉竹、百合、黄精等在全国享有盛名，产业基础良好，种植规模不断扩大，产业发展不断壮大，品牌药材正在崛起，发展前景广阔。相关研究人员在大量试验研究和实践探索的基础上，研发集成了一批高效种植新技术，对推进我省中药材产业发展具有重要作用。

　　为普及推广种植技术，我们组织编写了《中药材栽培技术》，基于湖南省种植较普遍的 13 种药用植物，在简述其特征特性、产业发展现状的基础上，重点阐述了这些药用植物的规范化种植技术，包括种植制度、栽培方式、肥水管理、病虫草害综合防控及产地初加工技术等。本书层次分明，文字通俗，图文并茂，实用性强，可作为技术培训资料或供从业人员在生产中参考使用。

　　本书编写过程中，参阅和引用了国内外许多学者、专家的研究成果与文献，在此一并表示感谢！

　　由于编者水平有限，书中错误或不妥之处，敬请批评指正。

编　者

图书在版编目（ＣＩＰ）数据

中药材栽培技术 / 朱校奇，周佳民主编. —— 长沙 ：湖南科学技术出版社，
2020.3（2020.8 重印）　（湖南种植结构调整暨产业扶贫实用技术丛书）
ISBN 978-7-5710-0420-0

Ⅰ．①中… Ⅱ．①朱… ②周… Ⅲ．①药用植物—栽培技术 Ⅳ．①S567

中国版本图书馆 CIP 数据核字(2019)第 276115 号

湖南种植结构调整暨产业扶贫实用技术丛书

中药材栽培技术

主　　编：朱校奇　周佳民
责任编辑：欧阳建文
出版发行：湖南科学技术出版社
社　　址：长沙市湘雅路 276 号
　　　　　http://www.hnstp.com
印　　刷：长沙沐阳印刷有限公司
　　　　　（印装质量问题请直接与本厂联系）
厂　　址：长沙市开福区陡岭支路 40 号
邮　　编：410003
版　　次：2020 年 3 月第 1 版
印　　次：2020 年 8 月第 2 次印刷
开　　本：710mm×1000mm　1/16
印　　张：13.75
字　　数：180 千字
书　　号：ISBN 978-7-5710-0420-0
定　　价：45.00 元